羊乳百科

孙万伟 ◎ 著

清华大学出版社
北京

版权所有，侵权必究。举报：010-62782989，beiqinquan@tup.tsinghua.edu.cn。

图书在版编目(CIP)数据

羊乳百科 / 孙万伟著. -- 北京：清华大学出版社, 2025.3.
ISBN 978-7-302-68446-6
Ⅰ. TS252.2-49
中国国家版本馆CIP数据核字第2025T7J775号

责任编辑：胡洪涛
封面设计：傅瑞学
责任校对：王淑云
责任印制：宋　林

出版发行：清华大学出版社
　　网　　址：https://www.tup.com.cn, https://www.wqxuetang.com
　　地　　址：北京清华大学学研大厦A座　　邮　编：100084
　　社 总 机：010-83470000　　　　　　　　邮　购：010-62786544
　　投稿与读者服务：010-62776969, c-service@tup.tsinghua.edu.cn
　　质量反馈：010-62772015, zhiliang@tup.tsinghua.edu.cn
印 装 者：涿州市殷润文化传播有限公司
经　　销：全国新华书店
开　　本：145mm×210mm　　印　张：6.375　　字　数：79千字
版　　次：2025年5月第1版　　　　　　　　印　次：2025年5月第1次印刷
定　　价：49.00元

产品编号：111424-01

推荐序一
全面梳理和总结羊乳知识 共推乳制品行业蓬勃发展

羊乳是乳制品行业大家庭中的一员,近年来羊乳产业得到了快速发展,羊乳产量和市场不断扩大,为提升国民营养水平、增进国民身体健康作出了贡献。我作为一名从事乳制品行业管理40多年的老工作者,向从事奶山羊养殖、羊乳加工的广大同行们致以崇高的敬意!

在我国,奶山羊养殖、食用羊乳历史悠久,但真正形成一个产业还是从改革开放以后,在20世纪八九十年代得到了较快发展,奠定了产业基础。进入21世纪以来,随着人们对羊乳营养价值的认识不断提升,羊乳消费量逐年扩大,推动了羊乳产业的快速发展。但是系统、全面地介绍羊乳产业的书籍甚少，这对于从事这个行业的工作者和广大消费者来说都是一个不足和缺憾。

孙万伟先生撰写的《羊乳百科》，是他多年来从事羊乳产业所积累的知识和体会的结晶，是对羊乳制品生产、消费、市场推广等各环节的深刻领悟和全面总结。《羊乳百科》是我迄今所见到过的有关羊乳产业书籍中最优秀的图书之一。我向本书作者表示祝贺，希望《羊乳百科》的出版问世，能为行业的发展增添新的动力。

中国乳制品工业协会原理事长
国际乳联（IDF）中国国家委员会名誉主席
宋昆冈

推荐序二
羊奶健康中国路任重道远
诚邀志同道合者砥砺奋进

研读《羊乳百科》，感慨万千，本书作者孙万伟先生不仅是从事羊奶全产业链研究与推广的全国著名企业家，而且是我多年的好朋友。细读本书之后，深切体会到作者推动羊奶健康中国之初心。在此，为作者的专业素养和敬业精神点赞。

健康中国，奶业先行，羊奶独特的营养优势和保健价值得到古今中外科学家的高度评价，也得到越来越多中国人的喜爱。作为一名从事奶羊与羊奶研究40多年的科技工作者，我深知在全国全面开展羊奶健康中国科普活动之重要。

《羊乳百科》是作者对羊乳产业多年亲身研究和实

践的集中展示,也是我们羊乳制品行业从业者不懈努力的共同见证。本书深入挖掘了羊奶的营养优势与保健价值,为读者呈现了一个丰富、立体、生动的羊奶世界。

近年来,我们团队在奶羊良种选育、健康养殖、羊奶加工、科普宣传等方面取得了丰硕成果,为羊乳产业的高质量发展提供了坚实的科技支撑。除了学术方面的推动,羊乳产业的发展还需要政府、企业、科研机构等多方面的共同努力。政府应加大对羊乳产业的扶持力度,制定更加完善的产业优惠政策;企业应注重产品质量与品牌建设,提升市场竞争力;科研机构则应持续开展科技创新,为产业发展提供源源不断的动力。与此同时,要动员各方面的有生力量,加大羊奶健康中国科普知识的宣传。

我相信,《羊乳百科》这本书将为羊乳产业的发展注入新的活力。我也期待更多的读者能够从中受益,为实现羊奶健康中国的伟大梦想贡献各自的力量。

推荐序二

最后,我要感谢本书的作者和出版方为羊乳知识的宣传推广所作的奉献。我相信,在大家的共同努力下,羊乳产业必将迎来更加美好的明天,羊奶健康中国的伟大梦想一定能够实现。

陕西省奶山羊产业技术体系首席专家

西北农林科技大学教授

曹斌云

推荐序三
科普羊奶营养
推进全民健康

奶及奶制品是除母乳外的优质蛋白质食物资源之一。《中国居民膳食指南（2022）》倡导国民吃各种各样的奶制品，每天摄入相当于鲜奶300g的奶类及奶制品。不难看出，奶制品已成为我们膳食组成的必需品。儿童应该从小养成食用奶制品的习惯，增加钙、优质蛋白质和微量营养素的摄入。奶及奶制品在推进国民营养健康方面发挥着重要的作用。

目前，在我国的奶及奶制品消费市场中，牛奶制品的消费量最大，处于龙头地位。但近年来，羊奶作为小品种乳的典型代表发展迅猛，健康作用突出。羊奶富含多种维生素、优质蛋白质以及钙等矿物质，其脂肪球颗粒小、以中链脂肪酸为主，具有营养丰富、过敏原少等特点，可缓解乳糖不耐受症状，更易被人体消化吸收。中国自古就有喝羊奶的传统，现代研究已有大量文献报道羊奶的营养特性，其营养价值早已被验证。

作为一名在营养与健康领域从事科研工作30多年的专业人员，我深知均衡膳食对人类健康的重要性。羊奶作为一种营养丰富、易于消化吸收的乳制品，无疑也可以成为我们日常膳食中的选择。我想这应该也是作者写作该书的主要目的。

本书详细介绍了羊奶的历史渊源、营养价值、健康优势以及在现代饮食中的地位和作用，这些内容能够帮助读者对羊奶有更全面的认识，确信羊奶在维护人类健康方面有着重要作用。

该书还通过生动案例和实用建议，向读者展示了如何在日常生活中合理选择和食用羊奶，以充分发挥其健康优势，并享受各种羊乳制品的不同风味，相信这些建议对读者会有指导意义。

通过阅读这本书,大家会更加深入地了解羊奶的饮用历史和健康优势,并期待读者能够在日常生活中更好地运用这些知识,为自己的健康加分。

当然,我们应该对该书作者和编辑团队表示感谢。我也相信本书的出版,将对推动羊乳产业的发展和普及健康饮食理念起到积极的作用。

中国疾病预防控制中心

营养与健康所研究员

何丽

推荐序四
共同探索健康生活的奥秘

基于多年对人体微生态系统的精研,以及与本书作者持续不断的学术交流与思想碰撞,我有幸站在益生菌研究的最前线,成为肠道健康的守护者。在这19年的营养研究中,我发现羊奶在人体健康中的营养价值超过了大多数人的认知,尤其是羊奶与益生菌的结合,更让羊奶的营养价值有了令人惊喜的提升效果。

尽管对于羊奶营养价值的研究早已开展,但在将其科研成果转化为公众意识的过程中,仍面临诸多挑战。与此同时,益生菌作为维持人体肠道健康的基石,其重要性日益凸显。益生菌不仅能调节肠道菌群的平衡,促进肠道蠕动,增强人体免疫力,还能帮助人体吸收营养,预防并改善多种肠胃疾病。

在研究过程中，我们团队发现羊奶与益生菌之间存在着一种精妙的协同效应，它们携手为人体健康保驾护航。羊奶以其丰富的营养成分被誉为"奶中之王"，尤其是它较高的乳清蛋白含量、细小的脂肪球颗粒、丰富的生物活性物质如免疫球蛋白，以及较低的过敏原成分，使其更易于被人体消化吸收。而益生菌则通过调节肠道菌群环境，保护肠黏膜完整，促进肠道屏障修复及小肠绒毛修复，从而进一步加强营养物质的消化吸收。

当羊奶与益生菌相结合，不仅放大了两者的健康效益，还提高了食用的温和性。益生菌分解羊奶中乳糖的功能，既促进了益生菌自身的生长繁殖，也减少了因乳糖不耐受导致的问题。羊奶中的蛋白质消化动力学与母乳更为接近，并且其中的主要致敏蛋白 α-S1 酪蛋白和 β-乳球蛋白含量较牛奶更低，加上益生菌在肠道中的代谢活动可促进这些蛋白的分解，进一步降低了羊奶的致敏性。此外，羊奶中有着远超牛奶的

推荐序四

低聚糖含量，同时含有表皮生长因子（EGF）和环腺苷酸（cAMP），这些活性物质能够极大地促进肠道内益生菌的增殖与定植，进而维护肠道菌群的平衡并改善肠道健康。

如果用烹饪来比喻，那么羊奶就是顶级食材，而益生菌则是技艺精湛的大厨。优秀的厨师配以优质食材，共同为人体提供营养丰富的佳肴。

得益于羊奶中丰富的营养物质和益生菌对肠道菌群的调节作用，双重补益共同抑制有害菌生长，促进肠道蠕动，加速肠道内毒素的排出，增强肠道免疫力，提高人体对病原体的抵抗力，并协助人体更有效地吸收蛋白质、脂肪和碳水化合物等营养成分。这种相得益彰的组合，为人体健康发挥了不可忽视的作用。

《羊乳百科》一书如同一位学识渊博的导师，引领读者深入探究羊奶的奥秘。该书详细介绍了羊奶的基本知识，涵盖其种类、营养价值、生物学功能；阐述了羊乳制品的加工工艺；探讨了不同消费群体对羊乳制品的需求；分析了羊奶的应用现状及其常见误解。作为专注高品质功能营养领域 19 年的"老兵"，能为本书作序，我深感荣幸，希望大家共同推进健康知识的普及。我相信，随着研究的不断深入，羊奶与益生菌的结合将在保障人类健康方面展现出更多能力。

希望读者通过阅读本书，能够更加深入地理解羊奶的营养价值、健康益处及其与益生菌间的微妙关系。愿本书成为通向健康生活的一把钥匙，让每个人在享受美食的同时，也能拥抱健康与幸福。

美国加州益生菌研究所研究员

重庆邮电大学生物信息学院客座教授

人工智能筛选功能益生菌联合实验室主任

肖宏

推荐序五
用科学与传承讲好羊奶故事

多年来,我一直致力于食品科学领域的研究,但羊奶的独特魅力和深厚历史底蕴,仍然让我深感震撼。

当我接触到这本《羊乳百科》时,不得不承认它给了我一些关于羊奶的全新见解。羊奶不仅有很多不为大众所知的营养优势,也承载着太多的文化和情感记忆。对于羊奶的历史、羊奶的营养成分、羊奶适宜的不同人群,本书都进行了详细的介绍。由此,便可知作者的专业性与其付出的心力。

步入现代,羊奶的价值已得到了科学的验证。相比牛奶,羊奶分子更小,易于消化吸收,尤其适合乳糖不耐受人群。它富含高质量蛋白质、维生素 B 族以及钙、磷等矿物质,对骨骼健康、神经系统发育都有积极作用。此外，羊奶中含有的表皮生长因子（EGF）有利于胃肠道细胞的修复更新，对提高免疫力、促进伤口愈合亦有裨益。这些科学发现，无疑为羊奶的珍贵性增添了更多的注解。

我在阅读这本书的过程中，了解到无论从古老的文献记载，还是到现代的科学研究，羊奶始终扮演着不可或缺的角色。

此外，本书用生动的语言和案例深入剖析了羊奶的营养成分和健康优势，让读者更加直观地感受到羊奶的独特魅力，增强了可读性。我相信对于读者来说，这将是一本极具价值的营养健康读物。

因此，《羊乳百科》不仅仅是一本关于羊奶的书籍，更是一本关于文化、历史和科学的综合之作。而这些，不是一个对羊乳制品行业浅尝辄止的人能够做到的，为本书作者点赞。

江苏省农业科学院研究员
刘小莉

推荐序六
讲清楚好羊奶的诞生过程十分必要

一直以来,我都清楚地认识到羊奶在营养与健康方面的独特价值,而本书,无疑是一次对羊奶价值的深度挖掘和全面展示。

羊奶自古便与人类的生活紧密相连。奶山羊作为产乳用品种的山羊,经过高度选育繁殖,具有产奶量高、奶质优良的特点。它们活泼好动,喜欢干燥的环境,这些生活习性结合奶山羊养殖的生产工艺和流程,使得我们在畜牧养殖过程中需要特别注意羊舍的设计与建设,保持圈舍的卫生、干燥与通风以及饲料的营养搭配。书中提到的各种羊奶食品加工及生产工艺,体现了科学养殖的精髓与加工相结合,促进一杯好羊奶的诞生。

此外,由本书作者孙万伟先生邀请,我参与了一

羊乳百科

档羊奶健康访谈栏目的录制，为大众介绍奶山羊的优良繁育与饲养的相关知识，阐述奶山羊的选育与繁殖技术是保障优质奶源的关键环节。

而在阅读这本书的过程中，我更加认识到羊乳知识的传播对国人的健康以及羊乳产业的发展有着重要的意义，讲清楚一杯好羊奶如何诞生十分重要。

在我的研究生涯中，奶山羊一直是我研究的核心。从奶山羊的生理特性到饲养管理，从遗传改良到疾病防控，我始终致力于探索如何通过科学的养殖技术和管理方法，提高奶山羊的产奶量和奶质量。

作为一名长期致力于畜牧兽医科学研究的研究员，我深知羊乳产业的快速发展能够推动畜牧业转型升级、提高人民健康水平。而这本书的出版，无疑为羊乳产业的推广和发展注入了新的动力，也让我更加看好羊乳产业的未来发展前景。我相信，通过阅读《羊乳百科》，更多的人将了解并喜欢上羊奶，从而享受到它带来的健康与美好。

云南省畜牧兽医科学院研究员
胡钟仁

自序
羊乳之路，为爱而生

创业之途，众人所由，其动因各异。有的人创业是为了梦想，有的人创业是为了生活，而我立业的初心，缘自我的女儿 Roise（露西）的诞生。带着这份初心，我有了今天的事业，也催生了《羊乳百科》这本书。

身为企业的经营者，我不得不将大量时间投入于繁忙的工作，但家庭在我这里一直都占据着十分重要的地位。我视家为避风港，女儿 Roise 的到来更给我们家增添了无尽的欢乐和温暖，因此，在女儿的成长过程中，我总是竭尽所能地想给予她更多的陪伴和爱。

然而我发现，Roise 经常在饮用牛奶之后出现腹泻、腹胀的症状。后来经医学检查，我们发现 Roise 患有乳糖不耐受症。这令我深感忧虑和焦急，毕竟在父母心中，孩子的健康永远是大事，摄入充足的营养至关重要。

为解此因，后来我多方寻访营养学家，最终把目光聚焦到羊奶上。

在这个过程中，我了解到，原来我国还有相当一部分人不适合饮用牛奶。于是，怀揣着让每一位国人都能喝上健康好奶的愿景，我毅然投身于羊乳产业。

这些年来，为推动羊乳产业发展，确保每一滴羊奶的品质，我始终走在探索羊奶发展的路上，只为让国人喝上健康、安全、营养的羊奶。

为了寻找优质的羊奶奶源，我走遍了十几个国家。这一路上，我不仅考察了奶羊的品种、饲养管理、饲料来源，还深入学习了羊奶的加工技术和质量控制系统。我访问了先进的乳品加工厂，见证了从鲜奶收集到成品包装的每一个严谨环节。

同时我也投入了大量时间与资金，建立了符合乳制品良好生产规范（GMP）国家标准的国内领先智能化乳制品工厂——浩明乳业，并与江苏省农业科学院、

自序

江南大学等机构的多位专家携手共建联合实验室,创立了羊乳研发中心,以此探求最适配中国人体质的羊乳配方。所以在本书中,我做了很多关于羊奶研发和生产环节的分享。

羊奶从当初的质量参差不齐、不被信任,至今日成为万千家庭餐桌上的常备乳品,其间历经诸多曲折与艰辛。自2013年至今,我已经在羊乳行业深耕十二载,也真正把"匠心品质,只为一杯好羊奶"这个理念落到了实处。

《羊乳百科》这本书,不仅仅是一本科普书籍,里面更凝结着我多年来对羊乳制品行业的探索与思考。我想在羊乳行业繁荣发展的今天,谨以此书,向羊乳行业从业者诚挚献礼,真心希望我们都能在这条充满希望的道路上浇灌出鲜花!

作者 孙万伟
2025年3月1日

目 录

第一章　什么是羊奶 / 1
1. 羊奶和我的双向选择 / 2
2. 了解羊奶，爱上羊奶 / 3
3. 让羊奶成为更多家庭的日常之选 / 4

第二章　羊奶的营养价值 / 11
1. 羊奶与其他奶的营养成分对比 / 12
2. 羊奶中的生物活性物质 / 24
3. 羊奶的生物学功能 / 32

第三章　当前羊奶去膻工艺 / 45
1. 膻味的来源 / 46
   - 外源性膻味来源 / 47
   - 内源性膻味来源 / 51
2. 当前主流的羊奶脱膻方法 / 54
   - 生产源头脱膻 / 54
   - 物理脱膻方法 / 56
   - 化学脱膻方法 / 63
   - 生物脱膻方法 / 65

第四章　羊乳制品种类及其加工工艺 / 71

1. 羊奶粉　/　73
- 羊奶粉的种类 / 73
- 羊奶粉的加工工艺 / 79

2. 液态羊奶　/　82
- 液态羊奶的种类 / 83
- 液态羊奶的生产工艺 / 86

3. 发酵羊奶　/　89
- 羊酸奶 / 89
- 不同发酵菌种在羊酸奶中的运用 / 90
- 羊奶的发酵工艺 / 92

4. 羊奶奶酪　/　96

5. 其他羊乳制品　/　101

第五章　不同人群对羊乳制品的需求 / 107

1. 婴幼儿 / 108
2. 青少年 / 110
3. 女性 / 112
4. 成年人 / 114
5. 老年人 / 117

第六章　羊奶美食教程 / 119

  1. 羊奶松饼 / 120

  2. 羊奶冰激凌 / 123

  3. 羊奶奶茶 / 126

  4. 羊奶饼干 / 127

  5. 姜汁羊奶 / 130

  6. 羊奶馒头 / 133

  7. 羊奶山药羹 / 136

第七章　羊奶的认知误区 / 139

  1. 长期喝羊奶粉对身体不好？/ 140

  2. 喝羊奶会变黑？/ 142

  3. 牛奶过敏才需要喝羊奶，其他人不需要？/ 144

  4. 喝羊奶的宝宝性格会更温顺？/ 145

  5. 其他 / 148

第八章　羊奶问答 / 151

后记 / 171

第一章

什么是羊奶

1. 羊奶和我的双向选择

女儿出生后,我和大多数父母一样,给女儿买牛奶喝,但我发现女儿乳糖不耐受。

一开始发现这一点时,我很吃惊,没想到我们从小喝到大的牛奶还能有人乳糖不耐受?当我了解羊奶之后,才发现全球有近四成的人乳糖不耐受。这个发现是让我走上创业道路的机缘——了解羊奶、寻找羊奶、生产羊奶、推广羊奶。

2. 了解羊奶,爱上羊奶

开始创业之后,身边熟悉我的朋友曾经问我:羊奶究竟好在哪里?是否比牛奶还要好?

这个问题的答案其实很简单,自从研究羊奶以后,我对牛奶就彻底祛魅了,我发现,尽管牛奶是奶界的

"销冠",但其实,羊奶的奥秘一点也不比牛奶少。

牛羊之争由来已久,大多数人只知"牛奶",不知"羊奶"。究其原因,是牛奶的"国民认知度"让其霸占了奶制品市场。

然而在古代可不一样,古人放牛、放羊,喝牛奶也喝羊奶,早在几千年前就发现了羊奶的好处,并且羊奶在当时已经成为人们日常生活中重要的营养来源。

《魏书》王琚传中就曾记载:"常饮羊乳,色如处子。"说的是经常喝羊奶,皮肤就会变得如初生的婴儿一样润滑白皙。我们今天为了保养皮肤抓耳挠腮,想尽了各种办法,吃燕窝、涂精华液、敷面膜……殊不知,几千年前的古人比我们聪明,早早就开始喝羊奶来美容养颜了,自然、健康,又经济。

关于羊奶用于辅助食疗,李时珍所著的《本草纲目》中早有记载:"羊乳甘温无毒,补肾虚、益精气、养心肺;治消渴、疗虚劳。"这说明早在明朝,羊奶就是强身健体、辅助食疗的一个重要选择。

对羊奶了解越深,我对它的喜爱就越多,直至后来推动我走上了生产和推广羊奶的创业道路。

3. 让羊奶成为更多家庭的日常之选

事实上,羊奶只是一个统称,在羊奶内部是有竞争的。按照"族谱",产奶的"奶山羊"家族庞大,分

第一章 什么是羊奶

支较多,不同品种羊的产奶性能和乳质是不一样的。

关中奶山羊:中国奶山羊的骄傲

作为中国本土的明星选手——关中奶山羊。这帮家伙主要扎堆在陕西关中平原,那里水土养人也养羊。它们长得敦实,骨架匀称,看着就靠谱。母羊颈长、乳房庞大,公羊则膀大腰圆,走起路来虎虎生风。

关中奶山羊的厉害之处在于稳定——就像老黄牛一样的性格,产奶期能持续七、八个月,一年产四、五百公斤奶不在话下。关键是鲜奶质量过硬,蛋白质3.5%、乳脂3.6%、乳糖4.3%、总干物质11.6%,比牛奶还容易吸收。老一辈人常说:"喝碗关中羊奶,顶得上吃顿肉!"尤其适合给老人和娃娃补身体,肠胃不好的喝了也不闹腾。

莎能奶山羊:全球奶山羊的代表

再提到从瑞士漂洋过海来的莎能奶山羊,这可是奶山羊里的"世界公民"。除了极寒极热的地方,哪儿都能看到它们的身影。这帮白毛红鼻子的家伙长得像穿了紧身衣，体格高大，结构匀称紧凑。

莎能奶山羊的产奶量堪称可怕——一年能产奶六百到一千两百公斤！它们的性格也特别皮实，爬山涉水都不在话下，吃点草叶子就能产奶，难怪全世界的牧场都抢着养。关键是奶质奶量都在线，做奶酪、酸奶那叫一个香！

澳洲奶山羊：适应多样气候的能手

澳洲奶山羊在袋鼠的家乡可是全能选手。从干旱的内陆到潮湿的海岸，它们都能扎根。这帮家伙皮实得像杂草，毛色五花八门，但个个都是抗病小能手。产奶期七八个月，一年能稳定输出五百公斤奶，乳蛋白和乳脂含量还特别均衡。

澳洲人最爱拿它们的奶做婴儿配方奶粉，因为分子小、吸收快，连娇贵的袋鼠宝宝都能喝。牧场主说："这羊比考拉还省心，给点枯草就能产奶，简直是会走路的提款机!"

努比亚奶山羊:沙漠中的"奶罐子"

这帮家伙可是奶山羊界的"沙漠之舟"!它们的老家在非洲东北部,埃及、苏丹那一带,现在全世界都能看到它们的身影。他们长得特别拉风——脑袋短小,鼻梁高得像罗马柱,耳朵又大又下垂。它们的身材修长,四肢细长,就像超模一样在沙漠里健步如飞。别看它们长得细皮嫩肉,产奶量可不含糊!一个泌乳期能产300到800公斤奶,奶水里乳脂率高达4%到7%,做出来的奶酪比奶油还香。

他们的脾气也特别好,抗病能力超强,吃点沙漠里的枯草都能产奶。它们的奶不仅奶香浓郁,还特别适合做奶酪和酸奶,是奶山羊界的"奶酪专家"。难怪很多国家都抢着引进,连咱们中国的四川养殖户都说:"这羊跟大熊猫一样宝贝,产奶又多又香!"

圭山山羊：云南高原的"鲜奶绿洲"

最后来说说咱们云南的本土明星——圭山山羊。这帮家伙住在昆明石林的圭山，海拔一千八百米到两千四百米的高原上，简直是大自然的精灵。它们的毛色特别有辨识度，公母羊都有犄角和胡须，耳朵大而灵活，眼神炯炯有神，就像高原上的小精灵。

圭山山羊的身材紧凑结实，乳房圆滚滚的，泌乳期能持续5到7个月。一个泌乳期每个月能产45到90公斤奶，乳脂率高达5%，做的奶渣（云南人叫"乳扇"）又香又嫩，咬一口奶香四溢。当地人都说："圭山羊奶煮粥，香得能黏住勺子！"

它们的生存能力更是没得说！能在岩溶地貌的山地里攀爬，专吃那些灌木嫩叶，耐粗饲的能力让奶牛都自愧不如。圭山山羊不仅产奶，肉质也特别鲜美，是云南人餐桌上不可或缺的美味。2014年，国家还给圭山山羊发了"身份证"，列为地理标志产品保护。

奶山羊的世界可不止这些，从关中奶山羊到努比

第一章 什么是羊奶

亚奶山羊,从圭山山羊到澳洲奶山羊,每一款都是大自然的馈赠。下次喝羊奶时,不妨想想,这杯奶可能来自关中平原的"壮汉",也可能是喜马拉雅的"登山客",更可能是云南高原上的"小精灵"。奶山羊的未来,就像它们的奶水一样,越喝越香,越想越亮堂!等哪天你去牧场旅游,记得摸摸这些毛茸茸的"奶罐子",它们可是地球村最可爱的营养师!

第二章

羊奶的营养价值

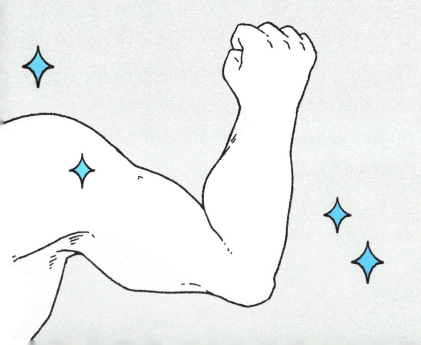

羊乳百科

1. 羊奶与其他奶的营养成分对比

（1）奶源的种类

在当今的奶源市场，尽管牛奶依然占据主流，但羊奶也以其超高的营养价值，逐渐被大众认可，成了人们餐桌上的常客。央视纪录片《生活圈》曾经探讨过羊奶与牛奶的营养区别，这足以说明，羊奶的营养价值越来越被人们所关注。

其实要论人类的食用奶源，远远不止这两类，截至目前，我们食用的奶源共有9种。

前3种都是牛奶，只不过品种不同，内部叫法也不同，例如，虽然都是牛，但黑白花奶牛和娟姗牛（一种产自英国的奶牛品种，以高乳脂率和优质蛋白著称）所产的奶，就是我们俗称的牛奶，南方耕田的水牛所产的奶叫水牛奶，还有一种是青藏高原的牦牛所产的牦牛奶。羊奶也有分类，包括绵羊奶和山羊奶，上一章已经介绍过，这里不再赘述。除此之外，还有鹿奶、驴奶、马奶、骆驼奶。

不同的奶，营养价值也有所不同。对比几种奶源，销量最高的非牛奶莫属，但如果从蛋白质、脂肪、矿物质、维生素、乳糖等几种人体所需的营养成分方面对比，牛奶并不占上风。

（2）蛋白质

先说蛋白质。

我们都知道，蛋白质是个体生命进行活动的物质基础，是身体细胞的重要组成部分，我们的肌肉、骨骼、皮肤、毛发等都离不开蛋白质，它参与我们身体的生长、发育和修复过程。

对儿童来说，蛋白质能促进儿童的成长和发育；对成年人来说，蛋白质主要是用以维持我们的身体机能；对老年人来说，蛋白质则是延缓肌肉和器官衰老的关键。

蛋白质不仅为我们的身体提供能量，在身体的新

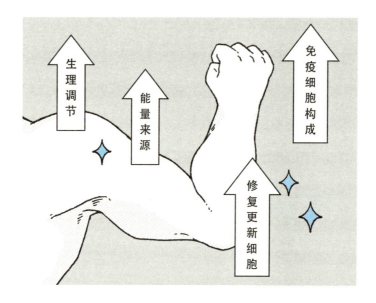

陈代谢中也起着重要的调节作用，它们参与身体的各种生理反应，调节身体的代谢速度和免疫功能。

羊奶的蛋白质含量通常在 3.5% 左右，与牛奶的蛋白质含量相近，但两者的蛋白质组成存在一定差异，使得羊奶在消化吸收性、低过敏性等一些方面更具有优势。

牛奶所含的蛋白质中，α-S1 酪蛋白（一种高度磷酸化蛋白，摄入人体后分解缓慢，被认为是最主要的过敏原）含量占比相对较高，羊奶中只含有少量。同时羊

第二章　羊奶的营养价值

奶含有丰富的乳清蛋白（溶解分散在乳清中的蛋白，含有多种活性成分，易吸收），且乳糖含量略低，所以部分人可能会对牛奶乳糖不耐受，但喝羊奶乳糖不耐受的现象较轻。

羊奶与牛奶蛋白质特性对比图

奶类	蛋白质含量	蛋白质组成	致敏蛋白含量	脂肪球直径	中医性味
山羊奶	≈3.5%	乳清蛋白占比约22% 酪蛋白占比约78%	α-S1酪蛋白占比约3%	2.76μm	温性
普通牛奶	≈3.5%	乳清蛋白占比约19% 酪蛋白占比约81%	α-S1酪蛋白占比约31%	3.51μm	寒性

数据来源：曹斌云，张富新，陈合.羊奶科普知识问答[M].北京：中国农业出版社，2010.

此外，与酪蛋白相比，乳清蛋白的分子量更小，因而羊奶更容易被人体消化和吸收，不会出现消化不良的现象。

以上是从营养角度做的比较，在中医理论中，非常重视食物的"性味"。南朝医药学家陶弘景所著的《本草经集注》对羊奶的性味是这样记载的:"温,补寒冷虚乏",对牛奶的记载则是:"牛乳,微寒。主补虚羸,止渴,下气"。

从以上古籍记载中,我们可以发现,羊奶和牛奶的性味是不一样的,一个是温性,一个是寒性,两种食物所适用的人群也是不同的。

所以,对于一些肠胃功能较弱(如婴幼儿和老年人)或者脾胃虚寒的人群来说,羊奶可能是比牛奶更好的选择。

(3)脂肪

说到脂肪,或许现在的年轻人会因为控制体重等原因,往往更喜欢"低脂"或者"脱脂"的食物。

减肥固然要控制脂肪的摄入,但过于强调控制脂肪,则容易让人陷入误区,认为脂肪对于人体不重要或者说不那么重要。

事实上,脂肪也是我们很重要的朋友。

第二章 羊奶的营养价值

脂肪可以帮助人体储备所需的能量,我们的日常活动,无论是做什么,都需要消耗能量,人体对于能量的需求是持续的,但我们不能一直吃东西,这时候,脂肪的重要性就体现出来了,在我们饥饿或者进行高强度的体力活动时,脂肪会分解自己,释放能量供身体使用。

脂肪还可以保护身体器官,当我们意外碰撞或摔倒时,脂肪会保护我们,减少碰撞对骨骼、关节和内脏器官的损伤。

此外，在我们的大脑周围也有一定量的脂肪组织，在关键时刻起到保护大脑的作用，减少外部袭击对大脑的伤害。

在生活中，肥胖的人通常脂肪比较多，它像穿在身上的一件保暖"内衣"，当人体暴露在寒冷的环境时，脂肪就会阻止人体内热量散失，让我们在寒冷的天气里保持身体温暖。

在上述几种奶源中，除了牛奶和羊奶的脂肪含量较高，其他奶源的脂肪含量都偏低。牛奶的脂肪含量为2.8%~4.0%，而羊奶的脂肪含量为3.6%~4.5%，单从数据来说，两种奶的脂肪含量都足以满足人体需求，但从结构细分，这两种奶的适用人群是不一样的。

奶类	脂肪含量下限	脂肪含量上限
牛奶	2.8%	4.0%
羊奶	3.6%	4.5%

牛奶中的脂肪球颗粒比较大，而羊奶的脂肪球颗粒较小，同时羊奶含有丰富的中链、短链脂肪酸，其含量约为牛奶的两倍。中短链脂肪酸比长链脂肪酸更

容易被人体吸收，可在体内快速被氧化，提供能量，且不易在体内堆积形成脂肪。所以羊奶比牛奶更容易被人体吸收。对于肠胃功能正常，饮食没有特殊限制的人来说，牛奶和羊奶都是很好的营养来源，但对于肠胃弱、容易消化不良的人来说，羊奶是比牛奶更适合的选择。

（4）矿物质

矿物质对人体的重要性自不必多说，我们经常说补钙，其实钙就是矿物质的一种。

在矿物质中，铁、锌、钙、磷、钠、镁等元素对人体都十分重要。

钙和磷是骨骼和牙齿的主要成分，如果缺乏这两种矿物质，可能会导致骨质疏松或骨骼发育不良，尤其对儿童和老年人来说，这两种矿物质的摄入更为重要，儿童钙摄入不足，会影响身高，老年人缺钙，则容易出现骨折的风险。

铁参与了氧气的运输和储存，是人体血红蛋白和肌红蛋白的重要组成部分。血红蛋白就像我们身体里的"快递员",它在血液中负责将氧气从肺部输送到身体各个组织和器官;肌红蛋白则像是人体里的海绵,它在肌肉中储存氧气,为肌肉收缩提供能量。如果铁元素摄入不足,就很容易导致缺铁性贫血,影响氧气的运输和身体的能量供应。

羊奶中的矿物质非常丰富,尤其在钙、磷、镁、钾等矿物质含量上通常高于牛奶。

每 100 克羊奶中钙含量可达 120~130 毫克,而牛奶的钙含量约为 110~120 毫克。钙是维持骨骼和牙齿健康的关键矿物质,因此羊奶在促进骨骼发育和预防骨质疏松方面更具优势。

羊奶中的磷和镁含量也高于牛奶。磷参与能量代谢和酸碱平衡,镁对心脏、神经和肌肉功能至关重要。羊奶的钾含量也很高,有助于维持电解质平衡,对预防高血压等心血管疾病有积极作用。

虽然羊奶的铁含量与牛奶相近,但其铁的生物利用度更高,这归因于羊奶中较高的核苷酸含量,有助

第二章 羊奶的营养价值

于胃中的吸收。

此外,羊奶的硒含量显著高于牛奶,硒在免疫系统功能中扮演重要角色,因此羊奶及其制品被认为可以增强免疫力。

(5) 维生素

我们走进便利店,或许会看见橙汁的包装上写着这样的宣传语:熬夜要喝橙汁。

可是熬夜为什么要喝橙汁?其根本原因就是,橙汁中含有丰富的维生素,维生素具有抗氧化的作用,可以增强人体免疫力,抵抗疲劳。

关于维生素的重要性,从药店柜台摆得满满当当的维生素类保健品可见一斑。

维生素 A 可以增强人体的抵抗力,此外,还对我们的视力有保护作用,缺乏维生素 A 可能导致夜盲症以及免疫力下降等问题。

维生素 C 除可以增强免疫力之外,还可以抗氧化,参与胶原蛋白的形成。

维生素 D 不仅参与钙和磷的代谢，促进人体骨骼生长和发育，还可以调节我们身体内的神经细胞，预防神经系统疾病。

如果身体缺乏维生素，会很容易出现一些疾病，我们日常生活中出现的症状，像视力模糊、舌头肿胀、皮肤瘙痒等，都有可能是缺乏维生素引起的。

羊奶中含有丰富的各类维生素，这些维生素对视力、皮肤健康、免疫力、骨骼发育等方面都有重要益处。

羊奶的维生素 A 含量最为突出。维生素 A 对视力健康至关重要，能够预防夜盲症和干眼症。它还对皮肤健康有积极作用，有助于维持皮肤的弹性和光泽，促进皮肤细胞的正常代谢。

同时羊奶在维生素 C、D 和 E 的含量上均高于牛奶，维生素 C 含量是牛奶的 2 倍，维生素 D 含量比牛奶高近 13 倍，有助于增强免疫力和抗氧化，对骨骼健康尤为重要。

目前从市场消费和大众认知角度来看，羊奶的营养价值明显没有得到足够的普及和重视。但随着全民健康意识的提高,羊奶有望被更多人认可。

(6)乳糖

乳糖对于我们身体的重要性,其实并不亚于刚刚我们列举的几种营养成分。

乳糖可以给我们的身体提供能量,可以促进钙的吸收,可以参与大脑发育,还可以维持肠道健康。

乳糖对身体有好处,但对乳糖不耐受人群就不那么友好。羊奶的乳糖含量相对较低,比牛奶低约12%,这使得乳糖不耐受人群在饮用羊奶时更不容易出现腹胀、腹泻等不适症状。

羊奶中的乳糖结构相对简单,同时其中的酪蛋白颗粒较小,形成的凝块更加细腻,更易于胃肠道消化。较高的 β-酪蛋白含量,也使得羊奶具有低过敏性。即使是乳糖不耐受人群,也能更好地消化羊奶中的乳糖。

羊奶不仅是一种饮品,它也是一种对生活品质的追求,对健康的承诺。

于我而言,我希望通过我的努力,让更多人认识到羊奶的价值,让羊奶成为人们健康生活中的一部分,让羊奶为我们家人保驾护航的同时,也为无数的孩子保驾护航。

同时我作为羊奶从业者也会竭尽所能将最优质的羊奶带给大家,对每一位顾客负责,对千千万万的中国家庭负责,对中国人的健康负责。

2. 羊奶中的生物活性物质

(1) 羊奶是最接近人奶的乳品

我们生活中有一句流传很广的俗语:"饭后百步走,活到九十九。"

这句话说的是饭后适量走动对我们身体健康很有益处,至于饭后散步是否真的能让人活到99岁,暂无明确的数据可考,但羊奶或许真的能够帮助人类创造百岁奇迹。

第二章　羊奶的营养价值

学者袁祖亮曾对我国古代人口的寿命做过统计,他在《中国古代人口史专题研究》一书中写道：西汉时期人口的平均寿命为60.5岁,东汉时期为64.5岁,这说明古代人普遍寿命不高,远低于现在的水平。但也有特例,据《史记·张丞相传》记载："苍之免相后,老,口中无齿,食羊乳……苍百余岁而卒",说的是西汉丞相张苍罢相后,因为年老,口中没有牙齿,就靠喝羊乳,最后活到了一百余岁。

羊奶是公认的最接近人奶的奶源,其在营养成分、消化吸收等方面都与人奶有很多相似之处,想来,史书上对于张苍喝羊奶长寿的记载,也是有一定科学道理的。

《汉书·苏武传》中曾提及苏武牧羊的经历,苏武被匈奴人扣押后,始终不愿投降,单于便想办法折磨他,把他放逐到北海（今贝加尔湖）没有人烟的地方去牧羊,苏武没有粮食来源,只能吃野鼠所储藏的野生果实,但他依然活得很好,身体很健康。

民间传说中认为苏武被放逐到北海后,之所以能

羊乳百科

在条件艰苦、很难获取食物资源的情况下存活下来并且身体健康,是他一边牧羊一边喝羊奶,羊奶给他的身体提供了营养。

当然,这只是老百姓的一种推测,没有明确的史料记载,但这种推测,足以证明当时人们已经意识到了羊奶的营养价值以及功效。

李时珍曾专门写过一首关于当时人们喝奶来强身健体的诗歌——《服乳歌》:

仙家酒、仙家酒,两个葫芦盛一斗。

第二章 羊奶的营养价值

> 五行酿出真醍醐,不离人间处处有。
>
> 丹田若是干涸时,咽下重楼润枯朽。
>
> 清晨能饮一升余,返老还童天地久!

诗中的"仙家酒"指的便是奶,"返老还童天地久"指的是喝奶具有返老还童的功效,能够让人长寿,生命如同天地一般长久。

这首诗虽然有夸张的成分,但不难看出,我们的大医学家李时珍对于奶的营养功效也是极为推崇的。

羊奶能够拥有如此神奇的强身健体之功效,收获古代民间大众及医学名家的超高评价,这与羊奶中含有丰富的生物活性物质脱不开关系。

(2)生物活性物质

当我们对食物的营养成分进行归类时,常常聚焦于蛋白质、脂肪、维生素、矿物质等几类人体的必需营养素,然而,自然界的食物中还包含了许多其他化合物,它们虽然不在必需营养素之列,但对促进人体健康同样具有不可忽视的作用,这些化合物被统称为生物活性物质，包括抗氧化物、多糖类、多酚类、肽类、氨基酸、酶类等。

生物活性物质可以帮助人体维持正常的生理功能，它们参与了人体的各种生理代谢过程，是我们身体的隐形守护者。如果把人体比作一栋建筑，那么这些生物活性物质就像建筑中的"基石和梁柱"，是支撑建筑稳固屹立，不会倒塌的关键。

比如我们的免疫系统中，抗体是我们人体的"万里长城"，它时刻警惕着边防情况，抵御外敌的入侵，它是我们人体健康的忠诚卫士，时刻守护着人体的健康和安全，而免疫球蛋白和乳铁蛋白则是人体免疫系统的重要组成部分。如果缺乏这些物质，抗体就不能正常工作，我们的免疫力就很容易下降而生病。

有关研究表明，羊奶中含有200多种营养物质和生物活性物质，包括20余种氨基酸、10余种维生素以及20多种人体必需矿物质，羊奶就像一座营养宝库，可以给我们的身体输送营养，满足我们日常生活所需。

第二章 羊奶的营养价值

羊奶中含有丰富的免疫球蛋白,就像羊奶送给我们身体的"保镖",可以帮助人体肠道筑起一道抵御外界病毒及细菌侵袭的防火墙,让我们远离疾病困扰。

生活中,很多病都是免疫力低下导致的,可以说,我们身体的免疫力就是我们健康长寿的根本。老年人为什么身体更容易出现问题?也是因为他们的免疫力在降低。随着年龄增长,他们的免疫细胞功能在减弱,免疫系统逐渐衰退。而羊奶能够在容易吸收的同时,提高人体的免疫力,让人们得以健康长寿。

羊奶中含有丰富的乳铁蛋白,它具有抗菌抗病毒、调节免疫系统等多种功效。有了它,我们在抵抗病毒入侵的时候,身体就像穿上了一层厚厚的铠甲。

此外,它还可以促进铁的吸收,让我们免于贫血。如果缺失乳铁蛋白,我们的免疫力会下降,我们的肠道菌群会被破坏,有益菌减少,有害菌增多,我们就很容易出现便秘、腹泻、腹痛等情况。

羊奶中的环磷腺苷是一种重要的细胞信号传导物

质，对糖、脂肪代谢，核酸、蛋白质的合成调节等起着重要的作用。

环磷腺苷就像人体中的一个不求回报的小天使，它能帮助调节心脏的跳动节奏和力量，让心跳变得更加平稳、规律。

此外，它还可以帮助我们放松身心，对我们的神经系统进行温柔地"按摩"，让身体平静下来，让我们更容易进入睡眠状态，提高我们的睡眠质量，使我们的身体各项机能得到恢复，在第二天又精神焕发。

羊奶中的乳清蛋白是一种高质量的蛋白质，它含有人体所需的氨基酸，能够为身体的生长、修复和维护提供重要的物质基础。

乳清蛋白就像是建造我们身体这座大厦的优质"砖块"，我们身体肌肉的增长，身体组织的修复和器官的正常运转，都离不开它。

乳清蛋白在人体中的吸收速度非常快，它可以迅速为我们的身体提供能量和营养，特别是在运动后或

第二章 羊奶的营养价值

者身体需要快速补充营养的时候,帮助身体尽快恢复体力和状态。

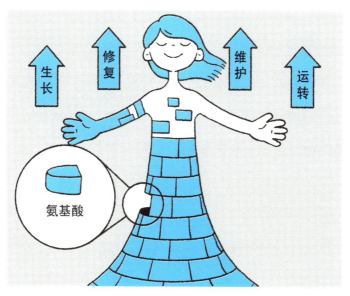

羊奶中的上皮细胞生长因子对我们的人体也非常有益,它能够促进皮肤细胞的再生和修复,如果把我们的皮肤当作一面墙,那么上皮细胞生长因子就是皮肤的"万能小助手",我们的皮肤受伤,它就会立马出来,刺激皮肤细胞加速生长和分裂,让受伤的皮肤更快愈合。

此外,对于我们随着年龄增长而出现的一些皮肤老化问题,我们的"万能小助手"也能起到作用,它可以促进新的皮肤细胞产生,让皮肤变得更有弹性和光泽,减少皱纹的出现,就像给皮肤注入了一股活力,让它保持年轻状态。

《魏书》中提到的"常饮羊乳,色如处子",说的就是羊奶中的上皮细胞生长因子有助于皮肤细胞的修复和再生,使皮肤保持良好状态。

3. 羊奶的生物学功能

羊奶中含有的丰富的生物活性物质,为人体健康提供了多方面的支持。

(1) 抗氧化,延缓衰老

羊奶中含有大量的抗氧化剂,如维生素 E、维生素 C 等。我们的身体每天都会产生一些"小坏蛋"自

第二章　羊奶的营养价值

由基，它们会攻击我们的细胞，让我们的细胞受伤变老，这是人体会逐渐衰老的原因。而羊奶里维生素C、维生素E这样的"小卫士"，能抓住自由基并把它们清理掉，如果人体是一座房子，那么维生素E就是坚固的墙壁，保护房子不被自由基这个"破坏分子"损坏。

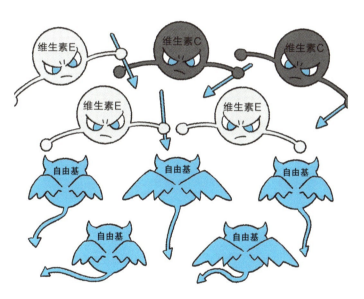

羊奶中的锌和硒等微量元素也是抗氧化的重要成分，它们就像一群勤劳的"小蜜蜂"，参与制造体内的抗氧化酶。这些抗氧化酶可以增强身体的抗氧化能力，

有效减少身体中炎症的发生，让我们的皮肤更健康。

此外，羊奶中的硒元素还能让我们的皮肤更有光泽，有些长期喝羊奶的人可能会发现自己的皮肤不像以前那么容易长皱纹了，就像给皮肤按下了"青春暂停键"，这大部分都是羊奶中抗氧化剂和微量元素的功劳。

（2）改善肠道功能

我们常说"吃嘛嘛香"，这句话背后隐藏的逻辑，是说拥有强大的肠胃功能是身体健康的前提，而羊奶在帮助人体改善肠道功能方面的作用十分突出。

首先，羊奶能够促进肠胃蠕动。

现代营养学研究发现，羊奶的分解产物脂肪酸可以给肠道提供动力，刺激肠道的排便感。

我们都知道，如果肠道不蠕动，我们就会便秘，而毒素堆积在身体里排不出去，久而久之身体就会出问题。

羊奶里的脂肪酸就像肠道的"小鞭子"，它挥一挥鞭子，肠道就会受到刺激开始蠕动，这样一来，我们身体中的毒素就能更顺畅地排出体外。现实生活中,有的人以前经常便秘,喝了一段时间羊奶后,上厕所明显轻松多了。

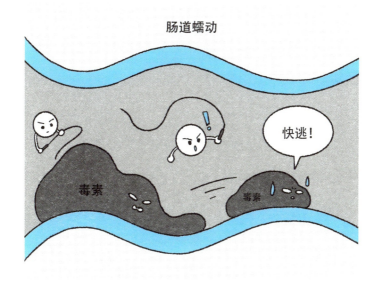

其次,羊奶可以帮助调节肠道菌群平衡。

我们生活在一个充满了微生物的世界,我们的身体也需要借助微生物来达到健康的平衡状态,而在所有的微生物中,只有益生菌被认为是21世纪人类的长寿菌。

羊奶本身虽然不天然含有益生菌，但可以通过后期工艺添加益生菌。

例如，羊酸奶富含多种益生菌（如双歧杆菌、嗜酸乳杆菌等），可以改善消化功能，缓解肠道不适症状，如便秘和腹泻。科学添加益生菌的配方羊奶粉，也能够帮助调节肠道菌群平衡，抑制有害菌的生长，促进有益菌的繁殖。

最后，羊奶还能够保护胃黏膜。

我们在生活中常常有这样的体验，当我们吃了辛辣生冷食物后，胃会不舒服，这其实是因为我们的胃黏膜受到了来自外界的刺激。

羊奶的自然酸碱度是弱碱性，可以保护我们的胃黏膜，减轻外界食物对肠胃的刺激。

从这个角度看，羊奶就像是胃的"保护伞"，它可以减少刺激性食物给我们造成的不适感。

（3）易消化吸收

首先，羊奶的脂肪球颗粒比牛奶的小很多，其小于 5μm 的颗粒占到 80%，牛奶仅有 60%。这就好像把一大块面包切成了很多小块，这样我们的肠道在消化的时候就更容易把它们"咬碎"吸收。

其次，羊奶中的蛋白结构也非常合理。羊奶中的蛋白质以乳清蛋白为主，酪蛋白含量低。乳清蛋白是一种优质且易消化吸收的蛋白质，能够在胃中快速分解并释放氨基酸，且在胃中形成的凝块更细、更柔软，易于消化。羊奶的乳清蛋白含量高，就意味着其蛋白质能够被人体迅速吸收利用。相比之下，牛奶中的酪蛋白含量较高，形成的凝块较大，消化速度也就相对较慢。

羊奶中的蛋白质结构和母乳类似，所以无论是宝宝还是成年人尤其是老年人，喝羊奶都能达到很好的吸收状态。

最后，羊奶的中链脂肪酸占比高。羊奶的中链脂肪酸占比为 28%，是牛奶的 2 倍。这些中链脂肪酸可以变成我们身体的"快速能量补给棒"，能够很快被身体吸收并转化为能量,不像有些脂肪要在身体里"绕很久的路"才被吸收利用。

从这个角度看,成吉思汗在战场上通过喝羊奶来补充体力,调整状态,是有依据的。

(4)低致敏性

羊奶中会引起过敏的成分很少。我们的身体如果吃到容易过敏的东西,就会自动把它判定为敌人,来攻击它,这样就会导致我们的身体出现过敏反应。

研究表明,酪蛋白是牛奶中的主要过敏原。而羊奶中含有较少的 α-S1 酪蛋白等容易让人过敏的物质,这样一来,我们喝羊奶的时候,身体就不太容易把它当成"敌人"来攻击,也就相对不容易过敏了。

对比其他奶源,羊奶的蛋白结构也相对稳定。有心理学家根据性格把人分成 ABCD 四型人格,A 型人格竞争心理很强,容易急躁、暴躁,B 型人格则相对松弛,情绪平和稳定。如果把蛋白比作人,根据

第二章　羊奶的营养价值

ABCD 四型人格来划分，那么牛奶中的 A1 型酪蛋白更接近我们心理学上的 A 型人格，它就像一只容易捣乱的调皮猴子，让我们的身体不舒服，而羊奶中的 A2 型酪蛋白则更像 B 型人格，就像一只温驯乖巧的小兔子，能和我们的身体和谐相处。

牛奶中的 A1 型酪蛋白　　　　羊奶中的 A2 型酪蛋白

（5）降低胆固醇

羊奶中具有非常多的不饱和脂肪酸。

如果把血管比作马路,当胆固醇太多,"马路"上就堆满了垃圾,"车辆"便会走不通畅,而羊奶中的这些不饱和脂肪酸就像一群勤劳的"清洁工",它们可以把这些垃圾清理掉,让"马路"变得畅通无阻,让我们的血管更干净。

(6)羊奶在古籍中的记载

除了上述功能,羊奶的很多生物学功能在古籍中也有所记载。

世界上现存最早的中医食疗学专著,唐朝孟诜著作的《食疗本草》中记载:"羊奶亦主消渴、治虚痨、益精气、补肺肾气和小肠。合脂作羹食,补肾虚。"这说明,早在一千年前,人们就已经关注到了羊奶的食疗作用。

到了明朝,大医药学家李时珍更是对羊奶推崇至极,他在《本草纲目》中写道:"羊乳甘温无毒,可益五脏、补肾虚、益精气、养心肺;治消渴、疗虚痨;利

第二章 羊奶的营养价值

皮肤、润毛发、和小肠、利大肠。"

"甘"是说羊奶的味道甘甜,味甘的食物通常都具有滋补、中和药性的作用,可以缓急止痛,中医的"甘能缓"理论,也是基于这类食物而言的。

"温"是说羊奶是温性食物,可以帮助驱除寒气,疏通经络,不容易上火,大家常说的"温补",指的也是用这类食物进补。

"无毒"是说羊奶对人体没有不利的作用,是非常健康的饮品,调理身体的最佳选择。

"益五脏",五脏指的是人的心、肝、脾、肺、肾,中医认为,精气是构成人体的基本物质,五脏精气充沛,人就不容易被疾病侵袭,五脏的功能要是虚弱的话,人就很容易生病,而"益五脏"说的就是羊奶可以补益虚损,增强五脏的功能,提高五脏的精气。"益精气、养心肺"说的大体也是这个意思。

"补肾虚"很好理解,是说羊奶可以辅助治疗肾虚,这里就不展开了。

"治消渴"是说羊奶可以辅助治疗消渴症,也就是现代的糖尿病。

"疗虚劳"是说对于各种问题引起的体质下降和容易疲劳等现象,羊奶可以起到很好的辅助疗效,可以帮助恢复人的精力,增强体质。

"利皮肤、润毛发",是说喝羊奶可以让人的皮肤和毛发得到足够的滋润,这也是喝羊奶能够美容养颜的一个原因。

"和小肠"说的是羊奶可以促进肠胃的吸收;"利大肠"是说羊奶有助于身体排毒,提高身体的新陈代谢。

可以说,《本草纲目》中对于羊奶的营养价值进行了比较全面的论述。

《中国补品》中也曾记载:"山羊奶,功效主滋阴养胃,降火解毒,补肾益精,润肠通便。治干呕反胃,身疲乏力,慢性肾炎,大便干燥秘结,口腔炎,某些接触性皮炎等。"

结合《本草纲目》来看,《中国补品》更像是对前

第二章　羊奶的营养价值

者的一种补充,更加全面地论述了羊奶的功能。

总之,我国喝羊奶的历史悠久,古人早就发现了羊奶的功效,以其食疗。

央视《新闻直播间》曾报道,羊奶在国际营养学界被誉为"奶中之王",在个别欧美国家,羊奶的受欢迎程度甚至超过牛奶。

我想,随着越来越多的人开始认识羊奶的营养价值,羊奶在国内的受欢迎程度也在逐渐提高,也许有朝一日能够超越牛奶,也未可知。

第三章

当前羊奶去膻工艺

1. 膻味的来源

如果以满分 100 分为标准给羊奶打分,我大概会给羊奶打 95 分。

大家或许会疑惑,为什么我不给羊奶打满分?

羊奶的营养价值高是它的优点,而有膻味,则是它的缺点。

对于膻味,每个人的接受度并不一样。羊奶的膻味确实在很大程度上影响了一部分消费者对羊奶的接受度。

我想告诉大家的是,世界上没有任何一种东西是完美的,同样,羊奶也并不完美。

不过没关系,有缺点我们就去解决它——找到膻味源头,再去优化膻味,除掉膻味,让每个人都能接受没有膻味的羊奶。

而我作为一名研究羊奶、创立羊奶企业十余年的业内人士,更要聚焦羊奶的不完美,并想办法去改善和弥补它。

羊奶中的膻味分为两种,一种是外源性膻味,另一种是内源性膻味。

● **外源性膻味来源**

我们先说外源性膻味。外源性膻味其实和羊奶本身无关,纯粹是外部环境和羊的饮食给羊奶带来的"附加礼物"。

外源性膻味的来源主要有以下几种。

(1)公羊对母羊的影响

大家都知道,公羊和母羊是不一样的,最明显的区别就是,公羊的胡子长,而母羊的胡子则相对较短;公羊的角粗壮且有点弯曲,母羊的角则相对小而圆;公羊乳房发育不全,也不会产奶,而母羊的乳房在怀孕期间会变大,未来为小羊羔提供营养。

很多人不知道的是,公羊和母羊还有一个很大的不同,公羊拥有较为发达的腺体——角间腺,公羊角间腺分泌的物质，让公羊身上具有一种非常浓烈的膻味。

大自然中，每一种动物在发情期都有自己的独特表现，公羊在发情期的表现就是，它的角间腺会更加卖力地分泌物质，以此来吸引母羊。

这是动物的本能，大家可以将发情期公羊身上的浓烈膻味理解为羊身上的某种雄性荷尔蒙，母羊闻到了，自然就会靠近。

然而，这个气味也有缺点，它会在公羊和母羊接触的时候传递给母羊，特别是在它们一起生活的时候，公羊角间腺分泌的挥发性物质，气味更容易被母羊的乳腺吸收，之后产出的奶就会有明显的膻味。

这就好像一个人身上喷了很浓烈的香水，和他在一起的人也会或多或少闻到一些香水味一样，且两个人在一起久了，自己身上也难免会沾上气味。

除此之外，如果将公羊和母羊一起饲养，那么公羊排泄物中的膻味也会不可避免地沾染到母羊身上。

总之，公羊和母羊之间的这种微妙关系，是导致羊奶有膻味的原因之一。

作为羊奶的外源性膻味来源之一，公羊才是羊奶膻味的一大罪魁祸首，大家可千万别再怪母羊了。

（2）羊舍的环境

我们每个人都喜欢干净舒适的环境，会定期打扫家里的卫生，让家里保持干净。假如很长时间不打扫，各种垃圾产生的恶劣气味会非常浓，我们长期生活在其中，那么身上也会不可避免地沾染上难闻的味道。

同理，羊也是一样。

羊舍就是羊儿们的家，要是这个家又脏又乱，那可真是太糟糕了。

如果羊舍不及时处理干净，粪便和杂物就会堆积并滋生大量细菌和微生物，分解过程中就会产生氨气和硫化氢等有害气体。这些气体不仅有难闻气味，还会通过污染乳头进入羊奶中，导致羊奶产生异味，让羊奶变膻。

研究表明，良好的饲养环境和卫生条件可以显著提高羊奶的风味品质和乳成分质量。

羊没有办法选择居住环境，对于人类给予它的一切，它只能被动接受。

羊舍的脏乱差是导致羊身上产生膻味的部分原因，但这实在不能怪母羊，它也是受害者。

（3）外界环境的影响

我想，如果能够有选择，所有的生物都会选择一个更干净的环境生存,但遗憾的是,除了人类,其他所有的生物都没有选择。

羊如果生活在靠近垃圾场或者工厂的地方,那么它的生活环境就会被污染。这些地方日复一日产出垃圾,饮用水也被污染,散发着异味,羊被长时间饲养在这种环境里,羊奶也会不可避免地带上异味。

此外,如果喂食奶羊的牧草、饲料发霉变质,出现异味,以及奶羊的挤奶环境较差,羊身上的杂草、脱毛等污染,都会导致羊奶产生膻味。

● **内源性膻味来源**

内源性膻味跟羊本身有关,这是羊奶自带的一种"独特气息",是属于羊奶的"个性标签"。

羊奶富含短链和中链脂肪酸,例如癸酸、辛酸和己酸,是导致羊奶膻味的主要物质。这些短中链脂肪酸本身属于游离状态,具有挥发性,所以这些脂肪酸在储存过程中会因氧化逐步释放出来,使羊奶的膻味加重。

羊乳百科

但羊奶中含有短链脂肪酸并不是坏事，尽管癸酸本身会带着一些膻味，但它又是一种很好的营养物质，不仅可以促进人体对羊奶的吸收，还能调节人的糖脂代谢，对于一些患有糖尿病和高血脂的病人很有好处。

整体上讲，这些短链脂肪酸还是瑕不掩瑜，既如此，羊奶膻一点，又何妨呢？

除短链脂肪酸外，羊奶中还有一些会"隐身"的挥发性游离脂肪酸。

第三章 当前羊奶去膻工艺

这是羊身体里代谢的产物。羊消化食物的过程，就像一个工厂在运作，工厂会制造出各种各样的东西，这些挥发性游离脂肪酸就是其中的一部分，它们是完全自由的，没有任何束缚，它们从羊的身体里跑到羊奶里，如果数量一多，或者在羊奶的加工或储存过程中，和其他物质结合在一起，就会让羊奶产生膻味。

由于它们是挥发性的，这就意味着它们很容易像小气球一样飘起来，散发到空气中，就像我们打开一瓶香水，香水的气味会飘散在空气中一样，这些"小气球"也会从羊奶里挥发出来，让我们闻到它们独特的气味。

这也不失为羊奶自身所带的一种独特气质，尽管这种气质可能让人对羊奶形成一种刻板印象，拒绝去品尝这美味的饮品。

教育学中有一个原则叫"长善救失"，指的是教育者对学生进行引导，依靠学生的积极因素去克服自身的缺点，让优秀的方面更突出，补救自身短板，让学生能够全面发展。作为一名羊奶企业家,我也将不断践行"长善救失"原则,努力研究去除羊奶膻味的方法,让羊奶可以摆脱这一问题。

2. 当前主流的羊奶脱膻方法

羊奶营养丰富,但我们上文说过,羊奶是不完美的,羊奶的膻味就像一只怪兽,让人对它望而却步。如果我们任由羊奶的不完美存在,让人和羊奶失之交臂,这无疑是一大损失,所以羊奶脱膻是非常有必要的。

当下主流的羊奶脱膻方法主要有 4 种:生产源头脱膻、物理脱膻、化学脱膻、生物脱膻。

● **生产源头脱膻**

我们先说生产源头脱膻。从字面上很好理解,就是找到膻味产生的原因,在源头上遏制它。

上一节介绍过,羊的生活环境、羊舍的环境、羊

第三章 当前羊奶去膻工艺

吃的饲料,以及公羊的角间腺散发的气味,都是羊奶致膻的原因。想要去除这些膻味,就要挨个解决问题。

首先,针对公羊角间腺散发的膻味,要想从源头遏制,就需要将公羊和母羊进行物理隔离,把它们分开养殖,分开管理,公羊和母羊接触不到,公羊自然也就影响不到母羊了。

其次,公羊也需要从"娃娃"抓起,在公羊羔出生后就去除它的角,这样就能避免母羊哺乳的时候,受到小羊的影响,导致羊奶产生膻味。

再次,选择良好的环境进行羊群养殖,减少外界污染对羊的影响。羊舍需要定期打扫,保持整洁,防止异味产生。此外,还要定期给母羊洗澡,清洁毛发。通过这些措施来保持羊和羊舍的干净卫生,可以最大化地减少饲养环境给羊奶带来的不良影响。

最后,给羊提供干净的水源、饲料和草。食物如果带有气味也会带到羊奶中,因此保证羊饮食的干净、优质,也是除膻的重要一步。

此外，采用现代化挤奶技术，封闭式挤奶。奶源挤出来之后直接进入奶罐，不接触空气，这样就能避免羊奶吸附空气中残留的膻味。

现代羊奶脱膻技术在行业中有广泛的探讨和应用。食品科学领域权威期刊——《食品科学》，发表过多篇关于羊奶脱膻技术的研究论文，这些论文就详细探讨了物理、化学和生物方法在羊奶脱膻中的应用。

● 物理脱膻方法

物理脱膻可以简单理解为，我们雇用一个神奇的魔术师，用一些巧妙的物理手段来把膻味变走。

物理脱膻方法主要有以下3种：

（1）热处理法

顾名思义，就是把羊奶进行加热，利用高温来脱膻。

热处理法的原理很简单，羊奶中的各项营养物质会随着温度的升高变得活跃，其中的短链脂肪酸含量会随之挥发、减少。想象一下，当羊奶中的短链脂肪酸在到处"蹦跶"时,我们把羊奶放进烤箱,一旦加热,其他的营养物质就会突然开始"大肆玩耍",这些导致膻味的短链脂肪酸就会变成"受惊的猫",活跃度迅速降低,数量也在逐渐减少。羊奶经过这样一番处理后,其中的膻味自然就淡了。

这个方法实际操作起来很简单,直接将羊奶倒进锅中加热,控制温度,在温度将近达到75℃时立刻关火,将羊奶进行冷却。

75℃是我们经过反复试验后，确定的一个进行热处理的最佳温度，这个温度可以让羊奶中的短链脂肪酸含量达到最低水平，显著减轻膻味。

等羊奶重新恢复到适宜温度时，已经没有了那种让人不太舒服的膻味，变得更加纯净、可口。

这个方法，只要家里有厨房，能开火，人人都能操作。

许多牧民现场挤羊奶售卖时，通常都会叮嘱购买者回家加热再喝，其目的除进行杀菌之外，也是通过加热去除羊奶的膻味，让羊奶的口感变得更好。

（2）真空闪蒸法

这个方法也很好理解，就是对羊奶进行真空蒸发冷却，达到除膻效果。

这个方法的原理是通过降低压力和溶液沸点进行真空蒸发冷却，除去羊奶中易挥发的短、中链脂肪酸。就好比我们日常用洗衣机洗衣服，把衣服放进洗衣机

第三章 当前羊奶去膻工艺

里,再拿出来时,就变得干净如新。

真空闪蒸机和洗衣机一样,就像一个神奇的魔法空间,在这个空间里,压力变得特别小,就像进入了外太空。因为内部压力变小了,羊奶中那些容易挥发的短链脂肪酸和中链脂肪酸就像是急于逃脱牢笼的鸟,一下子就"飞"了出去,剩下的奶则像是经过了一场大扫除,难闻的膻味物质被"洗"掉了,羊奶变得更加可口。

使用这个方法,有 3 个要求:

①创建真空环境。真空环境可以隔离外界对奶的影响,此外,真空环境也可以降低奶的沸点,让奶在相对比较低的温度下,也能够进行快速挥发。

②真空度控制。进行真空度的调整,可以提高羊奶的脱膻效率,也可以在去除膻味的同时,最大限度保留羊奶中的活性营养物质,确保脱膻后的羊奶品质。

③温度控制。良好的温度控制,可以避免因为高温导致羊奶中的成分发生变化,影响羊奶的最终品质和脱膻的效果。

比起热处理法,这个方法实际操作起来有点麻烦,需要将羊奶倒进真空闪蒸机,再调整真空度和温度进行除膻。

实验证明,真空度为 0.85 MPa,温度调整到 65℃,抽气 1 分钟,除膻效果最好,既能加速挥发性脂肪酸的蒸发,也能保留羊奶的营养成分。

第三章 当前羊奶去膻工艺

（3）离心脱脂除膻法

这个方法主要是通过乳脂分离机的高强度离心力，使羊奶中不同的物质发生分离，让脂肪及游离脂肪酸上浮，其他营养物质下沉，从而减少膻味。简单理解就是通过某种特定的机器，分离羊奶中的不同物质，去除膻味物质，最后达到除膻效果。

大家可以理解为在羊奶内部进行一场"羊乳大分家"的游戏，离心机就是一个公正的裁判，它用高强度的离心力让羊奶中的各种物质开始比赛跑步。不同物质的"体重"和"跑步速度"不一样，像游离脂肪酸这些比较胖的物质，就跑得很慢，被离心机强制性浮到了上面，而其他营养物质就像是轻盈的运动员，很快就把对手抛在身后，自己快速地跑到了下面。

这样一来，羊奶中的主要膻味来源就被分离出去，羊奶中的膻味也就大大减少了。

用这个方法进行除膻,需要特别注意 3 点:

①离心温度。离心温度的控制会直接影响到羊奶中需要分离的物质的凝结,从而影响整个除膻效果。此外,离心温度也会影响到羊奶本身营养物质的存活,温度太高有可能会让羊奶的营养成分流失。

②离心转速。这也是直接影响除膻效果的一个因素,转速合适的情况下,可以加速羊奶中物质的分离,提高除膻效率,但如果转速过度,会起反作用,可能

把本来分开的物质再次混合到一起。

③离心时间。离心时间的长短决定羊奶中需要被除掉的物质的分离程度。时间太长，可能会导致一些本不该被分离的营养成分也被分离，时间太短则可能导致膻味物质没有被充分分离，除膻效果不明显。

这个方法操作的步骤比真空闪蒸法简单一些，直接将羊奶放进离心机里面，再调整参数，进行离心处理。

经试验证明，当离心温度为 3.5℃，离心转速为 5000 r/min，离心时间为 25 分钟时，羊奶的除膻效果最好，可以最大限度地除掉膻味物质，同时也保留羊奶本身的营养成分。

● **化学脱膻方法**

化学脱膻方法，就是用一些特别的化学方法和物质去除膻味。

目前的化学脱膻方法主要有两种。

第一种是在羊奶中添加吸附剂，把羊奶中导致膻味的脂肪酸等物质包埋起来，达到除膻的效果。

  这个方法简易好上手，只要放个吸附剂就可以除膻，而且还可以保留羊奶的营养成分、风味和色泽。但这个方法对于吸附剂的选择和剂量要求非常高，一定要选用符合国家食品安全标准的吸附剂，吸附剂的剂量也要适当，过多过少都会影响羊奶的品质。

  第二种方法就是在羊奶中加入一些能够掩盖膻味的物质。我们煲汤时，为了祛腥，一般都会加一些姜片，同理，我们在羊奶中加入一些茉莉花茶，煮一会儿，煮开后的羊奶，膻味就明显变淡了，而且羊奶还带上了茉莉花茶的香味。

  这个方法操作简单，每个人都可以轻松上手，如果没有茉莉花茶，也可以用杏仁、橘皮、红枣来代替，煮羊奶的时候加入这些东西，在去除膻味的同时，还可以让羊奶的口感更清香。

第三章 当前羊奶去膻工艺

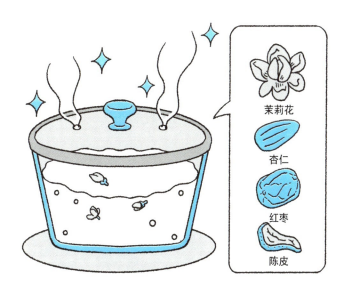

当然,在实际脱膻时,工厂会用到一些更加专业的物质来脱膻,以达到更好的效果,其原理都是一样的。

● **生物脱膻方法**

上一章我们讲过,我们生活在一个微生物的世界,有些微生物是我们健康的破坏者,有些微生物则是我们的万能小助手。

生物脱膻方法,就是利用微生物的力量来去除膻味。这些微生物就像一群清洁工,它们在羊奶中找到产生膻味的物质,然后把这些物质全部清除。

在生物脱膻方法中,最常用到的微生物是乳酸菌。在羊奶中加入乳酸菌,乳酸菌发酵会产生香味物质,这些香味物质可以有效掩盖羊奶中的膻味。这些乳酸菌就像一群魔法师,它专门对付那些产生膻味的物质,给它们"喷"一下自己研发的"魔法喷雾",它们的气味特性就变了,膻味变得很淡。

不过,随着乳酸菌的到来,羊奶中的乳糖就成了乳酸菌的"盘中餐",它们吃完乳糖之后,就会疯狂产生乳酸。

第三章　当前羊奶去膻工艺

乳酸越来越多，就会导致整体的羊奶发生变化，味道变酸。羊奶中的蛋白质就像一群害怕的小动物，一闻到酸味就开始抱团取暖，紧紧地挨在一起。这样一来，羊奶的结构就被改变了，羊奶变得浓稠起来。

在进行生物脱膻方法时需要注意以下几点：

①挑选合适的菌种。不同的乳酸菌除膻能力和对羊奶的适用性不一样，要像特种兵选拔一样去挑选最优秀、最合适的乳酸菌，这样它们才能更好地完成除膻任务。

②控制合适的温度。温度对于乳酸菌的重要性不亚于天气对我们人类的重要性。温度太高或太低，我们人类都难以承受，乳酸菌也同理。所以我们要给乳酸菌繁殖选择合适的温度，通常30~40℃是比较适合乳酸菌生长的温度。

③控制乳酸菌的数量。如果乳酸菌数量太少，就像战场上的士兵数量太少一样，乳酸菌很难在短时间内对产生膻味的物质发起攻击，除膻效果就会受到影

响。但如果乳酸菌数量太多了，它们之间就会产生内部竞争，有可能在竞争膻味物质之余去竞争一些营养物质，影响羊奶的口感和品质。

④保持环境干净整洁。乳酸菌对环境的要求很高，用来除膻的仪器和设备都需要进行严格消毒。如果环境不干净，一些有害菌混进来，它们不仅会扰乱乳酸菌的工作，还会产生一些不好的物质，不但影响除膻效果，还可能让羊奶变质。

⑤把控除膻的时间。进行马拉松比赛时，运动员的跑步速度很重要，不能跑太快，也不能跑太慢，乳酸菌除膻也一样，时间太短了，它们可能还没有完全把引起膻味的物质处理掉，除膻不彻底；时间太长，又可能会因为乳酸菌过度发酵变得过酸，导致口感变差。适当的时间，才能让乳酸菌更好地发挥除膻作用，又不会影响羊奶的品质。

综上，我们不难看出，羊奶除膻对于羊奶品质和口感的提升是非常重要的。

第三章　当前羊奶去膻工艺

创立企业的十几年间，我亲身见证、参与，甚至主导了羊奶除膻技术的创新探索与工艺改进。十几年来，行业力求为消费者提供更加美味、健康、安全的羊奶产品，让消费者对羊奶打破"偏见"，走向更加广阔的未来，为人类健康事业作出更大的贡献。

第四章

羊乳制品种类及其加工工艺

随着人们生活水平的提高和健康饮食理念的不断提升，市场对乳制品的需求量逐年增大，乳制品品种也更加多元。

根据《魔镜市场情报》数据，我国人民对于乳制品的消耗量，2018年还是人均19.2千克，到了2022年，已经飙升到人均50千克了。

这对于乳制品行业从业者来说，是机遇，也是挑战。机遇意味着，大家可以有更大的市场，更好的前景，挑战则是，人们的需求更多样，乳制品行业不能故步自封，需要研发更多种类的乳制品，以满足不同人群的需求。

在饮食上，每个人都有自己的口味和爱好，有人喜欢新鲜的羊奶，有人则喜欢经过发酵后的羊酸奶；有人喜欢原汁原味的羊奶，有人则钟情于加了水果或花茶的多口味羊奶；有人喜欢喝液态奶，有人则钟爱奶粉。

总之，不同人群及其不同的偏好，造就了如今百花齐放的乳制品市场。

第四章 羊乳制品种类及其加工工艺

1. 羊奶粉

● 羊奶粉的种类

我国目前的羊乳制品大概分为以下几种：羊奶粉、液态羊奶、发酵羊奶、羊奶奶酪以及其他羊乳制品。

奶粉大家肯定都知道，我们经常在超市见到各种脱脂奶粉、全脂奶粉以及调制奶粉，这些奶粉和羊奶粉是同类，只不过一个是用牛奶做的，一个是用羊奶做的。

羊奶粉是羊奶的一个变体，它以羊奶作为主要原料，经过一系列特殊加工制作而成。它舍去了羊奶的水分，留下了满满的精华。制作后的羊奶粉很方便保存，它用最小的体积锁住了羊奶的营养，方便携带，也方便冲泡，只要加上水，它就会重新变成美味的羊奶。

为了满足不同年龄阶段的人群对羊奶粉的需求，以及满足不同人群的消费偏好和口感要求，羊奶粉也衍生出了很多种类。

羊乳百科

①婴幼儿羊奶粉

众所周知,刚出生的婴幼儿特别脆弱,他们就像娇嫩的花朵,需要特别精细的营养呵护,因而婴幼儿羊奶粉也是羊奶企业产品线中的重中之重。

婴幼儿的身体需要补充多种营养,以适应他们身体的快速发育,所以相应地,羊奶粉中会特别添加辅助婴幼儿发育的营养成分,帮助婴幼儿的大脑和视力更好地发育。

此外,婴幼儿的肠胃很脆弱,消化能力也不强,所以羊奶粉中的蛋白质和脂肪等营养成分都经过精心调配,各种营养成分的配比专门为婴幼儿量身打造,让宝宝能够消化吸收,护卫宝宝的茁壮成长。

可以说,婴幼儿羊奶粉就像专门为孩子打造的魔法粮食,它具备宝宝成长所需的各种营养物质,就像一个充满爱的营养摇篮,温柔地陪伴着孩子度过他们最需要呵护的成长时光。

第四章 羊乳制品种类及其加工工艺

②全脂羊奶粉

全脂羊奶粉是羊奶最纯粹的体现,它完完全全由羊奶打造而成,保留了羊奶的全部精华,丝毫未经雕饰,犹如璞玉一般,散发着最原始、最纯正的魅力。

全脂羊奶粉最大限度地保留了原生态羊奶的丰富营养成分,包括高质量的蛋白质、易消化的脂肪、丰富的维生素和矿物质等。这些营养成分使其成为适合多种人群的优质营养补充品。

对于儿童,它有助于促进生长发育和增强免疫力;肠胃功能弱的老年人可从中获得营养补充,改善肠道健康;乳糖不耐受者则受益于羊奶的低乳糖、易消化的特性。总之,取羊奶之精华的全脂羊奶粉,凭借全面营养和易消化吸收的特点,为不同需求的人群提供了满满的营养支持。

③有机羊奶粉

有机羊奶粉就像来自大自然的神秘礼物,它的生产过程非常严格,就像一场精心策划的环保行动。

羊乳百科

试着想象一下，在广阔无垠、绿草如茵的草原上，羊群自由自在地漫步其中，它们生活在毫无污染的环境中，享受着大自然为它们准备的盛宴——纯天然、零污染的牧草以及最纯净的泉水。这些羊群产出的羊奶，就是制作有机羊奶粉的原料。

从羊的饲养到羊奶的采集和加工，每一个环节都遵循着有机的原则，这样生产出来的羊奶粉极其纯净、健康，它没有农药残留，也没有化学添加剂，为我们的安全和健康保驾护航。

第四章 羊乳制品种类及其加工工艺

有机羊奶粉有羊奶的丰富养分，给人体提供所需营养，可以很好地满足当今社会人们对于绿色食品的追求。

有机羊奶粉，让我们每一口喝下去的，都是安心和放心。

④ 配方羊奶粉

如果有机羊奶粉追求的是纯天然品质，那么配方羊奶粉追求的则是经过特定加工的专属营养"大礼包"。配方羊奶粉根据不同人群对营养的特殊需求，添加了不同的营养成分，提供不同的营养支持。

比如针对免疫力低下的人群，配方羊奶粉更注重乳铁蛋白的比例。乳铁蛋白就像我们身体的超级卫士，帮助我们抵御病毒，增强免疫力，使得我们的身体更强壮，不容易生病。

针对孕妇的特殊需求和体质，配方羊奶粉里面添加了叶酸和铁元素。铁元素就像一个能量补给站，给

羊乳百科

孕妇补充足够的能量，防止孕妇出现贫血的情况。而叶酸则像一个守护精灵，在宝宝还在妈妈肚子里时，守护宝宝的神经系统发育，帮助宝宝的大脑和脊髓正常形成。此外，叶酸还能增强孕妇的免疫力，就像给妈妈穿上了一层保护衣，让妈妈更健康。可以说，叶酸就是给成长中的宝宝和孕妇的健康上的一份重要保险，它守护着每个孕妇的健康，保障着孩子的健康成长。

对于老年人来说，配方羊奶粉更像是一个温暖的家庭医生。针对老年人的体质，配方羊奶粉更注重钙元素的添加。

钙就像骨骼的建筑材料，没有它，人体的骨头就会非常脆弱，老年人钙元素流失厉害，这也是老年人容易出现骨质疏松和骨折的原因。配方羊奶粉里注重补钙，就像是给老年人已经被蛀空的骨骼里注入"钢筋水泥"，让骨骼变得结实，这样老年人走路更稳当，也能减少骨折的风险。

第四章 羊乳制品种类及其加工工艺

● **羊奶粉的加工工艺**

生活中的每一道美食都有不同的烹饪方法,同样的食物经过不同的方法烘焙,最后的口感也不一样,例如,同样都是土豆,经由炒、炸和烤出来的土豆,味道却完全不同。

羊奶也是同样的道理。羊奶粉在加工过程中,也会采用多种不同的工艺,满足不同人群的口味需求。

当下羊奶粉的加工工艺,主要有以下3种。

①干法工艺

干法工艺之所以叫干法工艺,是因为整个生产过程都在干燥的环境下进行,以固态的羊奶粉为基础来进行加工,全程没有水分参与,其中的各种奶粉原料和营养物质经过精心配比与充分搅拌,利用机器让它们渗透和融合。

干法工艺和做沙拉类似,它是把预先准备好的羊奶粉原料和各种营养补充剂直接混合在一起,好处是生产起来非常快，也好操作，而且可以防止一些怕高温的营养成分被破坏。

如果要做一款添加益生菌的奶粉，而益生菌又不能经受高温，就很适合用干法工艺，益生菌的活性可以被完整保存。

干法工艺适合制作一些含有热敏性营养成分的羊奶粉、特殊配方的羊奶粉以及定制化的羊奶粉。

②湿法工艺

湿法工艺和干法工艺完全不同，湿法工艺以新鲜的羊奶作为主要原料，在羊奶还是液态的时候，把各种营养成分一起加进去，再经过加工，让羊奶从液态变成粉末状的羊奶粉。

湿法工艺的操作步骤相对烦琐，首先，将牧场采集的新鲜羊奶过滤，去掉其中的杂质，之后加入钙、维生素之类的营养元素，让它的营养更加丰富全面。

接着就要对羊奶进行杀菌了，消灭羊奶中可能存在的细菌,杀完菌后,开始进行下一步——均质,均质就是通过特殊的设备把脂肪球颗粒变小,让它均匀分布在羊奶里,使得羊奶粉口感更加细腻顺滑。

经过这些步骤,羊奶已经完成变身,成为既干净又均匀的"超级羊奶"了。但是,它还是液态的,不太方便保存和运输,于是,需要将羊奶中的水分去掉一部分,让它变得浓稠一些,之后再用特殊的方法,把它放到干燥器里,让它瞬间变成羊奶粉。

湿法工艺可以很好地保障羊奶的营养均衡,因而更适合制作婴幼儿羊奶粉,而且这种工艺制作出来的羊奶粉也更容易消化吸收,更适合婴幼儿脆弱的肠胃。

此外,湿法工艺还很适合做全羊奶粉,它从生产的源头进行加工,可以最大限度地保留羊奶的原汁原味和丰富营养,制作出来的羊奶粉口感也更醇厚。

③干湿法复合工艺

干湿法复合工艺就是把干法工艺和湿法工艺结合起来的一种工艺。它像一个巧妙的融合大师,先利用湿法工艺让各种营养成分在液态羊奶中充分混合溶解，再进行干燥，变成粉末，然后通过干法工艺添加一些需要的营养素。

干湿法复合工艺完美地结合了湿法工艺和干法工艺的优点，既能够保证羊奶粉更高的新鲜度，保证奶粉中各种营养成分的均匀混合，也能最大限度地保留营养元素的活性，让羊奶粉的营养更加全面。

不过，这种工艺比较复杂，对工厂、企业、设备的要求都很高。

我们常见的高钙羊奶粉、有机羊奶粉和成人羊奶粉，一般都是用干湿法复合工艺制作的。

2. 液态羊奶

前面讲过，羊奶粉是舍掉羊奶中的水分，保留其精华，再将其精华变成粉末状，就成了羊奶粉。

第四章 羊乳制品种类及其加工工艺

液态羊奶和羊奶粉不一样,它以新鲜羊奶为原料,保留了羊奶的水分和精华,再经过加工处理,直接提供给消费者。液态羊奶之所以叫作液态羊奶,主要是从它的形态来命名的,它可以直接饮用,就像水一样,具有流动性。我们消费者在超市见到的一瓶又一瓶的牛奶或者羊奶,其实就是液态奶。

比起羊奶粉,液态奶更加直接方便,打开就能喝,特别适合"懒人"以及通勤时间紧张的上班族。

● 液态羊奶的种类

为了满足不同消费者的营养需求,液态奶也有很多种形式,市场上经常见到的全脂奶、脱脂奶、发酵奶等,都是液态奶满足不同人群所需而制成的不同形式。

当下的乳制品市场中,液态奶主要有两种:低温羊奶和常温羊奶。

①低温羊奶

低温羊奶名字的由来,是它在加工过程中,采用了相对较低的温度来杀菌,低温羊奶是用来区别常温羊奶的一个名字，强调杀菌过程中的温度特征。

低温羊奶也叫作巴氏奶，它是采用巴氏杀菌法加工而成的羊奶。

羊奶中不同的营养物质对温度的耐受度不一样。巴氏杀菌法的温度一般为 63~85℃，这个温度范围既能够有效地杀灭羊奶中的有害细菌，又能够最大限度地保留羊奶中的微生物和营养成分，保留羊奶原本的风味。

低温羊奶在加工过程中损失的营养成分很少，也就是说，低温羊奶最大限度地锁住了羊奶的营养和新鲜度，喝起来口感纯正，细腻丝滑，奶香味浓郁，非常适合对羊奶品质要求高的人群，此外，一些特殊人群，如儿童、孕妇、老年人，也很适合喝低温羊奶。

不过，这种低温羊奶也有缺点，因为低温杀菌覆盖面有限，所以低温羊奶中仍然有一部分微生物没有被杀死，因而它的保质期特别短，一般不会超过半个月，而且需要放在冰箱里低温冷藏保存。

低温奶很好辨别，我们在超市中见到的放在冰柜里、包装上写了"鲜奶"字样的，一般都是低温奶，这些奶我们买回来之后依然需要放到冰箱中冷藏保存，来抑制细菌的生长，延长奶源的保质期。

②常温羊奶

常温羊奶之所以叫常温羊奶，是因为它能够在常温条件下长时间保存。它和低温羊奶不一样，低温羊奶是低温杀菌，低温保存，而它是高温杀菌，常温保存。

常温羊奶在进行高温杀菌时，温度可高达132~134℃，利用高温瞬间杀菌，彻底破坏羊奶中的微生物，使羊奶达到完全无菌的状态。

这个过程就像对羊奶做一个"大手术"，做手术可以帮助身体清除"坏东西"，但同时难免伤害到身体本身，这是我们做手术的代价，也是常温羊奶的代价。

生产低温羊奶时，可以根据不同微生物的耐受温度去调控杀菌,但常温羊奶的制作过程是"一刀切",可以做到完全杀菌,但同时,羊奶中那些对温度很敏感的营养成分和微生物也会受到一定程度的破坏,而且,羊奶的口感也会受到一定的影响,比起低温羊奶,常温羊奶的口感会稍显单薄。

不过,常温羊奶依然保留了羊奶中的大部分营养成分,例如羊奶中的蛋白质、钙等,足以满足人体的营养需求。

此外,常温羊奶使羊奶达到了无菌状态,只要包装完好,微生物很难继续生长繁殖,因而它的保质期可以很长,最长可达一年。

消费者在超市见到的放在货架上的奶就是常温奶,它对储存条件没有特殊要求,可以常温保存。它方便携带,无论旅行还是户外活动,随时带上就可以喝,为我们的生活提供了很大便利。

● **液态羊奶的生产工艺**

比起羊奶粉,液态羊奶的加工工艺相对简单一些,

第四章　羊乳制品种类及其加工工艺

没有那么多流程。

无论是羊奶粉还是液态羊奶，采集羊奶都是进行加工的第一步。采集的鲜奶质量会直接影响液态奶的口感，所以奶羊的健康状态和奶羊的饲养环境尤为重要。

刚采集的羊奶里面可能含有杂质，需要用过滤器专门去掉这些杂质，只留下最纯净的羊奶。

为了最大限度地满足消费者的口感需求，羊奶在过滤杂质后会进行脱膻，脱膻的过程上文提到，这里不再赘述。

经过过滤和脱膻的羊奶就像经过根管治疗的牙齿一样，非常脆弱，需要放到专门的贮藏设备里，来维持它的新鲜度。

此外，因为不同品种的奶羊产出的羊奶所含的营养成分有所差异，在进行液态奶加工时，还需要根据要求把液态奶的各种营养成分调整到标准范围之内，保证生产出来的液态羊奶质量是稳定的。这就像工厂进行流水线生产，根据特定的标准去控制不同大小的零件的规格。

做完这一步后,需要对羊奶进行杀菌处理,杀菌方式有两种,巴氏杀菌和高温杀菌,也就是前面说过的低温羊奶和常温羊奶的杀菌方式。根据不同的杀菌温度,羊奶最终会变成低温羊奶和常温羊奶两种。

杀菌后的下一个步骤就是用专门的机器来进行均质处理,无论是常温羊奶还是低温羊奶都需要这一步。这个步骤是把羊奶里的脂肪球打碎,让它变成更小的颗粒,让它们均匀地分散在羊奶中。

羊奶均质是羊奶生产加工工艺中非常重要的一环,不仅能让脂肪球颗粒变得更小,更利于人体吸收,还能让羊奶的口感更细腻。

均质完成后,羊奶的加工过程也基本结束了,最后只需要把经过一系列处理的液态羊奶装进干净的容器。这一步是加工的最后一个环节,需要特别警惕,要在完全无菌的环境里进行,避免羊奶在进行罐装的时候被细菌污染。

3. 发酵羊奶

● **羊酸奶**

每个人都有自己的饮食偏好,有人喜欢甜食,有人嗜辣;有人讨厌吃香菜,有人则讨厌吃鸡肉……在面对食物的时候,每个人的选择都不一样,大家会根据自己的习惯和偏好去选择适合自己的口味。

为了满足不同人群的口感需求,发酵羊奶诞生了。

发酵奶在生活中很常见,比如"真果粒"牛奶,就是发酵奶的一种。发酵羊奶和发酵牛奶一样,都是在奶源中添加特定的微生物,例如乳酸菌,进行发酵而成的乳制品。

前面说过,乳酸菌是一种对人体非常有益的菌种,而它发酵是需要一定时间的。在乳酸菌发酵的过程中,羊奶中的乳糖就被乳酸菌吞噬了,此外,乳酸菌还会产生一些独特的物质和代谢产物,导致羊奶的口感发生变化,变得更加浓稠,带有酸味。这样发酵而成的羊奶，就叫作羊酸奶，里面含有丰富的活性益生菌。

● 不同发酵菌种在羊酸奶中的运用

在羊奶发酵过程中，选择不同的微生物进行发酵，最后发酵完成的羊奶口感也不一样。因而在羊酸奶发酵过程中，会根据不同的需要选择不同的菌种，常用的有以下几种。

①保加利亚乳杆菌

保加利亚乳杆菌是羊酸奶发酵过程中最主要的产酸菌。它是一个非常厉害的"产酸匠"，能够在短时间内把羊奶中的乳糖变成乳酸。随着发酵时间的增长，它产生的乳酸越来越多，乳酸的积累导致羊奶的pH值下降，那些有害的细菌就不敢来捣乱了，羊奶也从原来的鲜奶变成了酸奶。

保加利亚乳杆菌除工作效率超高之外，它还像一个"香味魔法师"，会在工作过程中产生一些像乙醛之类的物质,制造出独属于自己的香味,羊酸奶的味道也就变得越来越好了。

②嗜热链球菌

如果说,保加利亚乳杆菌是一个非常"内卷"的"产酸匠",那么嗜热链球菌则是一个"黏人的小妖精"。

它和保加利亚乳杆菌一样,在发酵的过程中也会分泌出一些物质,这些物质就像魔法胶水一样,让羊酸奶变得黏黏的,口感也变得细腻滑爽。

不过,它和保加利亚乳杆菌并不是竞争关系,它们是合作伙伴,一起努力防止乳酸跑出来,让羊酸奶的质地变得更好、更稳定。

此外,它还热情地充当了保加利亚乳杆菌的"保镖"角色。在发酵刚开始的时候,它会吃掉羊奶中全部的氧气,给保加利亚乳杆菌创造一个没有氧气的环境,让它迅速繁殖。接下来,它还会代谢出一些"小零食"给保加利亚乳杆菌吃,让保加利亚乳杆菌更有力量工作，让整个发酵过程更顺利、更高效。

③双歧杆菌

双歧杆菌与前面两种菌种的特性都不一样，它就像是保护我们肠道健康的"小卫士"，是一种对人体肠道健康非常有益的益生菌。

在羊奶发酵过程中添加的双歧杆菌，进入人体后，可以帮助我们维护肠道里的菌群平衡，赶走坏细菌，让我们的免疫力变强，因为它的存在，便秘和腹泻的症状会大大减少。

但双歧杆菌也有缺点，它发酵的速度比保加利亚乳杆菌慢很多，而且对发酵条件要求苛刻，无论是氧气、温度还是羊奶中的pH值，都有一套自己的标准。如果单独让它工作，它绝对会罢工的，所以一般在实际生产中，会让它和前面两种菌种一起工作，有人监督，就能克服它的一些小缺点了。

● 羊奶的发酵工艺

羊酸奶的制作流程比液态奶的制作流程多了几个

第四章 羊乳制品种类及其加工工艺

步骤,更复杂一些。

前面几步基本相同:采集羊奶原材料—过滤—调整营养成分—脱膻—杀菌,值得一提的是,羊酸奶的杀菌温度比较适中,为90~95℃。

在前面的液态奶生产工艺中,到了杀菌步骤,基本就接近尾声了,但在羊酸奶发酵工艺中,杀完菌,整体工作才完成了不到二分之一。

杀菌后,就要开始挑选菌种了。这个过程可以理解为企业招人时的面试流程,只有符合要求的人才能够进入企业。当然,成功入选的有保加利亚乳杆菌、嗜热链球菌、双歧杆菌等能力比较强的菌种。

确定菌种后,就要开始进行伟大的"开工仪式"了,按照比例将这些菌种放置在羊奶中。这个比例尤为重要,不能太多也不能太少,如果某种菌种太多了,大家开始恶性竞争,就会影响羊酸奶的发酵质量。

完成以上步骤后,把加入菌种的羊奶放置到温暖的环境中,之后像做实验一样,调整实验变量——温度、时间、搅拌速度。

温度一般控制在40~45℃,整个过程需要持续3~8小时,在这段时间里,需要时不时地搅拌一下,让菌种能够更好地和羊奶混合在一起,这样发酵更均匀,羊奶口感也就更好。

此外,还要时刻关注羊奶的酸度和pH值。随着菌种工作时间的增加,羊奶里的酸度也会慢慢增加,pH

第四章　羊乳制品种类及其加工工艺

值随之下降。当酸度和 pH 值都达到合适的数值，发酵就完成了。

到了这一步，大家是不是以为羊酸奶已经制作完成了？

其实并没有。

在羊酸奶发酵完成后，还要给它"洗个冷水澡"，让它降降温。这一步至关重要，如果不降温，里面的菌种不知道已经"下班"了，还在疯狂工作，那么羊酸奶就会变得更酸，就不好吃了。降温的幅度一般控制在 10~15℃，这个温度能够让羊酸奶快速冷却下来，并保持细腻的口感。

之后，可以根据市场的需求，在羊酸奶中添加合适的营养成分并进行分装，整个流程就结束了。

羊酸奶和低温羊奶一样，需要冰箱冷藏，所以在超市里，我们只要看见酸奶，就知道低温鲜奶就在不远处了。

羊乳百科

4. 羊奶奶酪

在李娟的《冬牧场》一书中,有一个我很喜欢的情节。

在牧场这种与外界相对隔绝的环境中,邻居间相互串门是再常见不过的社交活动,每次有邻居来了,家里都要煮茶招待,但李娟煮茶的技术偏偏不太好。

有一次,她在森林里背柴火,远远地看见两个陌生人往自家毡房走,她觉得自己弯腰驼背地背柴火的样子很狼狈,就想等人走了再回家,结果等啊等,那两个陌生人不仅没走,反而站在她家门口聊起了天,一副不等到主人就不走的架势。

正当李娟束手无策时,更尴尬的场面出现了,一个熟人也要去她家串门。躲是躲不过了,她只能硬着头皮回家,独自招待客人。

她给客人倒茶切馕,结果客人都被她煮的茶吓到了,这茶跟白开水似的,而她硬着头皮将茶水递给客

第四章 羊乳制品种类及其加工工艺

人，客人愣了一会儿，也照喝不误。

这里提到的茶，并不是普通的白开水，而是奶茶，里面添加了牛奶或羊奶，之所以称作茶，是因为在游牧民族眼里，它就是一道茶。

对有些游牧民族来说，羊是他们生活的希望，是他们的依靠，是他们重要的食物来源。

他们喝的奶茶，是从羊身上挤下来的羊奶；他们吃的奶皮子，是用羊奶做的；他们日常吃的奶疙瘩、奶豆腐，也是用羊奶制成的；就连他们用的羊油，也是从羊奶中提取的，而且，他们还用羊奶去做酸奶……

我们由此可以窥见羊乳制品的多样性。除了上文提到的羊奶粉、液态羊奶、发酵羊奶，羊奶其实还有更多种存在形式，羊奶奶酪就是其中的一种。

羊奶奶酪是以新鲜羊奶作为材料，经过杀菌、凝乳、排除乳清、压榨、发酵、熟化等一系列流程，制作而成的一种固体或半固体的羊乳制品。比起液态羊奶或者奶粉，它的味道更特别一些，会带一股浓郁的

羊乳百科

羊奶膻味，但这种膻味在喜欢它的人看来是一种独特的风味。

而它之所以有膻味，是因为它的制作过程中没有经过除膻，所以膻味会在制作中保留，让最终的成品奶酪也具有膻味。这就好比一个身上有气味的人，换了衣服，但是没有洗澡，所以他身上依然能闻到那种气味。

羊奶奶酪的口感根据制品的不同而有所不同，有的软软糯糯，入口即化，有的则非常紧实，很有嚼劲。它的颜色通常都是白色的，是很纯正的羊奶颜色。此外，羊奶奶酪中的营养物质也很丰富。

它的适用场景很多，可以直接切块吃，可以夹在面包里，也可以在烹饪其他菜品的时候加上，让食物增添一点儿独特的味道。

羊奶奶酪的制作过程和制作羊酸奶有些像，但又有所不同。

在前面的篇章中，我们已经见识到"乳酸菌"的魅力了，在奶酪的制作中，"乳酸菌"也是极为重要的小伙伴。采集完新鲜羊奶后，像制作羊酸奶一样，要在羊奶中加入乳酸菌，搅拌均匀，然后给羊奶创造一个温暖的环境，让它静静地发酵。

一般乳酸菌工作十几个小时，最多不超过一天，羊奶就会变得很浓稠，这个时候，要像煮奶茶一样把羊奶放到锅里，开始加热，再不停地搅拌它。等羊奶开始凝固的时候，就立刻停止加热，让它继续在锅中静置十几分钟,直到凝乳完全形成。等羊奶变成凝乳后,再用刀将凝乳切成小块,在这个过程中,可以根据个人口味决定是否加盐。

做雪糕是需要模具的,同样地,做羊奶奶酪也需要模具。切完凝乳且加好盐后,需要给凝乳定个型,将凝乳倒进不同的模具里,并且用手压它,让它的表面变得非常平整。

做完这一步,再给模具搬个家,把它放到冰箱里,这时候凝乳会继续凝固,慢慢变成坚硬的奶酪。到了这一步,奶酪其实已经制作完成了,剩下只需要给"奶酪"穿个"衣服"(装到特定的包装盒里)就可以了。

大家可以发现,在以上的制作过程中,羊奶奶酪和其他的羊乳制品有些不一样,它没有除膻环节。

这是因为在一些特定的地区,人们更喜欢这种带有浓烈膻味的奶酪,不除膻可以最大限度地保留羊奶的原汁原味,人们会觉得,这是羊奶独特风味的体现。

羊奶奶酪有两个优点:第一,营养很丰富,钙含量较高，有助于维持骨骼的健康；第二，羊奶奶酪尤其适合乳糖不耐受的人群食用。羊奶的乳糖颗粒本身就比牛奶小很多，制成羊奶奶酪的过程中又去掉了乳清，进一步降低了乳糖的含量，所以乳糖不耐受者可以放心吃羊奶奶酪，不用担心身体有任何不适。

5. 其他羊乳制品

羊奶可以做成的食物远远不止以上几种，很多人小时候吃过"大白兔奶糖"，我们可能没想到，羊奶也可以做成羊奶奶糖。

羊奶奶糖的做法很简单，先将新鲜的羊奶放进锅里煮，开锅后加入糖并搅拌一番，羊奶就会慢慢变得非常浓稠，最后再加入一些添加剂，倒入模具中，等羊奶冷却后，一颗颗奶糖就成形了。

在一些游牧民族家庭，羊奶奶片、羊奶奶豆腐和

羊乳百科

羊奶奶皮子也是餐桌上经常出现的羊乳制品。

羊奶奶片因为形状像一片片云朵而得名,它的做法和羊奶奶糖相比,更简单。

先将新鲜的羊奶加热,加入一些调味剂,让它变得更好吃,之后倒在盘子里,让它慢慢变干。耐心等待一段时间后,羊奶干透了,再切成薄片,脆脆的羊奶奶片就制作成了,咬起来喀嗞响,又香又好吃。

羊奶奶片对现代的年轻人来说,是一款方便携带

第四章 羊乳制品种类及其加工工艺

且营养丰富的小零食,它保留了羊奶的纯正风味和高营养价值,我们在办公室上班的间隙或者出差途中,随时可以拿出来补充能量。

羊奶奶皮子又称"奶油皮",将羊奶煮沸后静置一段时间,表面就会很自然地凝结出一层软皮,将这块皮小心揭下来,便得到了羊奶奶皮子。它的口感很浓郁,让人们在日常享受美味的同时,也能摄入羊奶中的营养。

羊奶豆腐,不用多解释,大家一听就知道,肯定是和豆腐有点像。将采集完的新鲜羊奶经过一系列处理和简单发酵,放置一段时间后,将漂浮在上面的水分处理干净,下方就生成像豆腐块的奶糕样,将奶糕倒入排水的纱布中,挤压排出多余的水分,自然放置一段时间后,奶糕当中的水分已经排干净,就成了羊奶奶豆腐。它可以单独成菜,也可以和其他食材搭配,给菜肴增添独属于羊奶的风味。作为餐桌上的一道特色美食,羊奶奶豆腐绝对能让人食欲大开。

羊乳百科

羊奶除可以制成可以食用的乳制品之外，还可以加工成日用品，广泛应用在人们的日常生活中。

羊奶可以做成羊奶皂，帮助我们清洁皮肤，其中的营养物质可以充分地滋养皮肤，让肌肤保持光滑细腻。羊奶皂的做法很简单，将羊奶与皂基混合在一起，再加入香料、色素，一款羊奶皂就做好了。羊奶皂性质温和，不会对皮肤造成刺激，完美适用所有肤质的人群。

羊奶也可以做成沐浴露。它的做法和羊奶皂差不多，提取羊奶中需要用到的营养物质，再和沐浴露的常规成分混合到一起，羊奶就又换了个身份，变成了羊奶沐浴露。

同样的道理，羊奶还可以做成羊奶洗发露和羊奶牙膏。

除此之外，羊奶还是我们的护肤小助手，羊奶可以做成羊奶面膜、羊奶乳液、羊奶面霜。这些护肤品能够深入肌肤底层，给肌肤提供充足的水分和营养，有效改善我们的肌肤状态,减少皱纹、晒斑,让肌肤更加年轻有活力。

在面对羊乳制品、羊乳产业的创新问题上,每家企业都要勇于打破思维定式,全方位、多角度去考虑羊奶的可能性,充分发掘羊奶的使用价值。

每名企业家也都应担起社会责任,为社会、为消费者负责,保证每一款羊奶产品的安全与健康,让羊奶成为每一个家庭的健康守护者。

第五章

不同人群对羊乳制品的需求

1. 婴幼儿

婴幼儿是"祖国的花朵",孩子们的成长和发展,对家庭、国家都至关重要。于家庭而言,孩子是家庭的未来、家族的延续,于国家而言,他们承载着国家的希望与未来。

因而,在婴幼儿的营养摄入方面,每个家庭都尤为注重。

婴幼儿需要的营养品,必须纯净、安全,营养全面丰富,同时又利于消化吸收,在众多奶源中,羊奶是最符合要求的。

婴幼儿出生后的头几年,身体的生长速度非常快,这个时期需要补充大量的蛋白质,去满足他们的肌肉、骨骼、器官发育所需。羊乳制品中满满的优质蛋白质,可以帮助他们的小胳膊小腿变得更加健壮,让他们的脸色如同红苹果一样红润有光泽。

第五章　不同人群对羊乳制品的需求

钙对于人体的重要性不必多说，钙和磷是我们身体中不可缺少的两种矿物质。羊乳制品中含有丰富的钙和磷，这些矿物质，可以促进婴幼儿骨骼和牙齿生长，有效预防婴幼儿佝偻病等让父母非常头疼的问题。

此外，羊乳制品里含有丰富的维生素，其中的维生素 A 对婴幼儿的视力发展有重要作用，维生素 B 则可以帮助婴幼儿的神经系统健康发展，让宝宝变得更聪明。

羊乳制品中的脂肪球颗粒非常小，其大小与母乳相近，对消化系统还未发育完全的婴幼儿来说，羊奶和羊奶粉无疑是很好的选择，它们可以减轻婴幼儿肠胃的负担，给宝宝充足的时间去成长。

此外，羊乳制品中的致敏蛋白含量非常低，那些对牛奶过敏的婴幼儿可以放心地选择羊乳制品。

2. 青少年

婴幼儿是"祖国的花朵",青少年则是"祖国的希望,祖国的栋梁",他们充满了无限潜力,是未来建设祖国的主力军,给国家带来无限希望。

正处于生长发育高峰期的青少年对蛋白质的需求量极大,在青少年奔跑运动过后,蛋白质可以快速地帮助身体强化肌肉纤维,让青少年的胳臂和腿更有力量。而号称"奶中之王"的羊奶具有丰富的蛋白质,堪称伴随青少年成长的绝佳宝藏。

青少年的骨骼生长发育迅速,对钙的需求也空前得大。羊奶中丰富的钙,能保证他们的骨骼健康发育,预防骨质疏松和一些其他疾病的发生。

此外,羊奶中还含有丰富的磷。在人体中,磷和钙是一对形影不离的好搭档,它们可以帮助人体打造一个"防护套",让青少年的牙齿和骨骼得到更好的保护,具有更高的抗风险能力。

第五章　不同人群对羊乳制品的需求

无论处于哪一个时期，我们人体都不能缺乏维生素。青少年处于用眼高峰期，维生素 A 可以让他们在长时间看书、学习后，眼睛依然明亮，而维生素 B 可以给青少年的日常活动提供满满的动力。

在发育成长期，提高青少年的免疫力也是极为重要的。羊奶中含有多种免疫球蛋白和乳铁蛋白，能够帮助青少年提高免疫力，更好地抵抗细菌病毒的入侵。

此外，羊奶中的不饱和脂肪酸对青少年的大脑非常有益。这些不饱和脂肪酸可以帮助青少年提高记忆力、注意力和学习能力，让他们在学习过程中表现得更突出。

可以说，羊奶在青少年的整个成长期都扮演着极为重要的角色。羊奶中的营养成分能够满足青少年特殊身体发育时期的营养需求，为青少年的成长全面保驾护航。

3. 女性

现代女性面临着诸多挑战，工作压力大、生活节奏快、环境污染都在影响着女性的身体和心理健康。

多重因素之下，大家会发现，睡眠质量变差了，皮肤变得暗沉发黄长痘了，黑眼圈加重了，脾胃变得脆弱了，新陈代谢变慢了……而这些"小问题"，又会进一步影响到女性的心理健康。

因而，提高免疫力和改善身体状态，恐怕是现代女性普遍追求的两个小目标。

羊奶对于女性来说，就像一个超级营养储存器。

羊奶中的蛋白质，可以帮助女性的身体组织保持紧致、饱满；羊奶中的维生素，能让女性的皮肤重焕光彩；羊奶中的钙，能够守护女性的骨骼健康，预防骨质疏松；羊奶中的脂肪球颗粒很小，让肠胃不好的女性也能很容易消化吸收。

除了上述优点，羊奶对于女性而言，还有另外一重功能。在美容方面，它就像女性的一个护肤小能手。

首先，羊奶中具有丰富的上皮细胞生长因子，它能够促进皮肤细胞的生长和修复，清除体内的自由基，让肌肤细腻润滑，延缓皱纹的产生。

其次，羊奶中富含蛋白质和氨基酸，这些成分都是构成皮肤胶原蛋白和弹性纤维的重要成分，可以让皮肤充满弹性，看起来更年轻。

再次，羊奶中的脂肪和维生素能帮助皮肤维持水分平衡，避免皮肤因为缺水而导致的各种问题。而且，羊奶中还含有多种矿物质和微量元素，这些营养成分可以抗氧化，减缓皮肤的衰老。

最后，由于压力、遗传、激素水平等多种因素影响，现代女性普遍面临着一个严峻的问题——掉发，而羊奶可以减缓女性掉发的问题。头发的主要成分是角蛋白，羊奶中具有丰富的蛋白质，这些蛋白质是头发生长的好原料，它能够合成角蛋白，有助于头发的正常生长和修复。此外，羊奶中的蛋白质还能减少女性身体因为缺乏蛋白质而导致的头发脆弱易断和脱落等问题。

在特殊生理时期，羊奶也是女性的小助手。经期，女性身体会流失一些血液，羊奶里的铁等营养成分可以给身体补充营养，赶走疲劳。

如果女性是在孕期和哺乳期，那羊奶更是不可或缺。在孕期喝羊奶，羊奶能给孕妇和宝宝提供充足的营养，让宝宝在母体中茁壮成长。在哺乳期喝羊奶，可以提高母乳质量，让宝宝吃得饱饱的，长得壮壮的。

4. 成年人

当清晨的第一缕阳光洒在忙碌的城市街道，上班族也匆匆奔赴各自的岗位，地铁上挤满了睡眼蒙眬的年轻人。

第五章　不同人群对羊乳制品的需求

现如今是一个全民焦虑的时代，成年人的生活充满了压力和挑战，每个人都为了生活在努力前行，有时甚至以牺牲健康作为代价去工作，亚健康、失眠、掉发、结节等，成了一些成年人的"标配"。对于这样的我们来说，羊奶像一个默默守护的影子，在成人的世界中发挥着至关重要的作用。

羊奶中的营养丰富且全面，可以给成年人的身体提供比较全面的营养支持。

羊奶中丰富的蛋白质，可以让疲惫的身体变得能量满满，在工作疲倦、劳累时，来一杯羊奶，我们的身体好像又恢复了活力。

长时间久坐和面对电脑，让成年人的身体出现了各种小状况，例如视力下降、肩周炎、腰背酸痛……面对这些"小毛病"，羊奶也有办法。羊奶中的蛋白质，可以帮助我们修复身体组织；羊奶中的维生素 A 会帮助我们保护眼睛；羊奶中的维生素 B 则参与身体代谢，让我们在参加高负荷工作时有充沛的精力。

有不少成年人自称"脆皮打工人",说的就是身体素质变差,其中最明显的一个表现是肠胃功能变得脆弱。对于长期吃外卖,饮食不规律的成年人来说,肠胃罢工的情况实在很常见,这种情况下,羊奶无疑是一种理想的营养补充品,它不仅可以减轻肠胃的消化负担,还能给身体提供充足的营养。

大多数成年人,都立过一个 flag(目标)——运动。

我们其实都意识到了运动对于提高身体素质的重要性,但一天的工作已经带走了大部分精力,运动很难坚持下去,久而久之,身体的免疫力就下降了。

羊奶中的免疫球蛋白,可以在我们面对各种工作压力和病菌的威胁时,帮助身体增强抵抗力。尤其是流感高发季节,喝羊奶更加有助于提高抵抗力,减少患病的概率。

甚至可以说,羊奶就是现代打工人的"续命水"。

在人生这场旅途中,我们追逐着不同的目标,经历着各种起起落落。无论我们在经历着什么，我们都应该时刻爱惜自己的身体。

5. 老年人

随着时间的流逝，人体的各项机能都在下降，对于步入老年阶段的人群来说，保持身体健康是首要目标，而摄入羊奶可以说是帮助老年人保持健康最经济、快捷的选择。

我们都知道，蛋白质是维持我们肌肉力量和身体机能的重要成分，老年人常常出现肌肉萎缩的情况，其原因就是蛋白质的缺少。羊奶中具有丰富的优质蛋白质，能帮助老年人维持肌肉质量，让其行动起来更有力，减少肌肉萎缩的发生。

时间一分一秒逝去，我们身体中的钙也随着时间在不断流失。钙元素的流失，几乎困扰着每一位老年人,因为缺钙,他们的骨头变得脆弱,容易骨折。羊奶中的钙和磷,则像是超强的骨骼稳定器,它们进入人体后,可以使骨骼变得强健,减少骨折的风险。

此外,羊奶中丰富的矿物质能够帮助老年人的身体维持正常功能,同时提高身体的抵抗力,使得他们能够更好地面对外界风雨的侵袭。

第六章

羊奶美食教程

羊乳百科

说到羊奶,我们首先想到的是羊奶粉、鲜羊奶、羊奶酪等,我们在超市货架上看到的各种包装精美的羊乳制品,让我们习惯了它们的存在形式,也让我们形成了思维定式。我们很少想到,羊奶只要摇身一变,就可以变成各种令人惊叹的美食。它不是单一的某种饮品或者乳制品,它闯入了广阔的美食天地,拥有了多种姿态。

羊奶参与制作的各种美食,既能给我们的身体提供充足的营养,又能满足我们的味蕾。

1. 羊奶松饼

松饼近些年来颇受欢迎,它的口味很多,像抹茶松饼、巧克力松饼等,羊奶松饼可以说是一种比较特别的存在。

羊奶和面粉相遇,羊奶松饼就这样诞生了,它色泽金黄,散发着淡淡的奶香味,边缘酥脆,中间柔软,口感令人回味无穷。

羊奶松饼的做法也很简单。

材料准备:

鸡蛋2个、低筋面粉100克、白砂糖20克、玉米油10克、泡打粉2克、羊奶150毫升。

制作步骤:

第一步:将鸡蛋打入碗中,加入白砂糖,用打蛋器充分搅拌均匀,直到蛋液变得蓬松,颜色略微变浅。

第二步：倒入羊奶，继续搅拌，让羊奶和鸡蛋完美融合在一起。

第三步：把低筋面粉和泡打粉像下雪一样筛入刚刚融合好的蛋奶液中，接着，用橡皮刮刀轻轻搅拌，注意一定不能用力过度，否则面粉容易起筋，松饼就不松软了。这一步，只要把面糊搅拌到没有明显的颗粒即可。

第四步：在面糊中加入玉米油或者黄油，继续搅拌均匀，让面糊变得更加顺滑。

第五步：把平底锅开小火预热，无须倒油，直接用勺子舀一勺面糊，高高地举起来，从高处缓缓地倒入平底锅中心，面糊会自然形成一个圆圆的形状。

第六步：开小火慢慢煎制，等松饼的表面冒出很多小气泡，边缘开始凝固变色的时候，用铲子将它翻一个面。这一步一定要控制火候，火如果大了，可能下面的面都糊了，上面的还没凝固。

第七步：煎刚刚翻好的另一面，直到两面都变成金黄色。

这样，美味的松饼就制作完成了，还可以根据个人口味，加入自己喜欢的水果或者果酱。

2. 羊奶冰激凌

冰激凌和空调可以说是夏天的"标配"，羊奶看似和夏天一点都不搭，但羊奶只要做成冰激凌，就可以变成一种既解暑又能补充营养的零食了。羊奶赋予了冰激凌独特的奶香，质地细腻，入口即化，当羊奶冰激凌在口中蔓延开来，既可以感觉到清凉冰爽的口感，又能品味到羊奶的独有风味。

以下是羊奶冰激凌的制作过程。

材料准备：

羊奶 250 毫升、淡奶油 200 毫升、白砂糖 50 克、蛋黄 3 个。

羊乳百科

制作步骤：

第一步：把鸡蛋的蛋黄和蛋清分开，将蛋黄放入一个碗中，加入白砂糖，再用打蛋器搅拌均匀，直到蛋黄颜色变浅，质地变得浓稠。

第二步：慢慢倒入羊奶，一边倒一边搅拌，让羊奶和蛋黄可以充分混合在一起。

第三步：将混合好的蛋奶液倒入小锅中，用小火加热，不断搅拌，防止糊锅。加热到蛋奶液变得有些浓稠，用勺子去舀，能够挂在勺子上，就可以关火了。在这个过程中尤其要注意温度不要过高，不然就煮成蛋花汤了。弄好后，把锅放在一旁，让蛋奶液冷却。

第四步：在另外一个碗里倒入淡奶油，用打蛋器打发到出现纹路，但仍具有流动性的状态。

第五步：把冷却后的羊奶和蛋黄的混合液倒入打发好的淡奶油中，充分搅拌均匀。

第六步：把搅拌好的冰激凌液倒入一个干净的容器中，盖上盖子或者保鲜膜，放入冰箱进行冷冻。

第七步：每隔一小时左右，把冰激凌从冰箱中取出，用打蛋器搅拌一下，这样可以防止冰激凌出现冰碴儿，让口感更加细腻。重复这个步骤3~4次。

第八步：把冰激凌放在冰箱中继续冷冻，直到完全凝固，就可以享受美味的羊奶冰激凌了。

羊乳百科

3. 羊奶奶茶

在夏天，最受年轻人喜爱的地方肯定是奶茶店，奶和茶的融合，总是那么让人着迷。

羊奶其实也可以做奶茶，羊奶奶茶既有奶的口感，又有茶的香味，营养又好喝。最关键的是，羊奶奶茶不像普通的奶茶，乳糖不耐受的人也可以喝。

材料准备：

羊奶 400 毫升、红茶 10 克、白砂糖 10~15 克（也可以不加）。

制作步骤：

第一步：将羊奶倒入锅中，再加入红茶，小火煮到沸腾。

第二步：将羊奶煮到变色，加入白砂糖，等糖溶化后再滤出茶渣，倒入杯子里即可。

如果个人不喜欢甜口的食物，可以不加白砂糖。羊奶和红茶搭配，红茶的香味可以掩盖羊奶的膻味，喝下去的羊奶茶只有香味，没有膻味。

4. 羊奶饼干

无论是外出旅行的途中，还是工作休息的间隙，饼干都是现代人补充能量的首选。

除单独吃起来有些干，需要搭配饮品之外，饼干几乎没什么缺点。一包饼干的重量不过手机的十分之一，无论塞在口袋还是装在包里都非常方便。它小小的身躯，承载着多种营养物质，在人需要的第一时间，给人以能量与支持。

在前面的篇幅中，我们已经发现了羊奶的"万能"，它和不同食物搭配，会产生不一样的"火花"。

羊奶和饼干的结合，可以达到"1+1>2"的效果。羊奶饼干口感酥脆，奶香味浓郁，可以作为小零食随身携带，随时解馋，给人体补充营养和能量。

羊奶饼干的制作过程也并不困难。

材料准备：

低筋面粉150克、羊奶50毫升、黄油60克、糖粉30克、盐1克、蛋黄1个。

制作步骤：

第一步：将黄油切成小块，放置在室温下让它软化，也可以隔着热水软化它，直到用手指轻轻按压黄油能留下痕迹即可。

第六章 羊奶美食教程

第二步：把软化好的黄油放入碗中，加入糖粉和盐，用打蛋器把黄油打发至颜色变浅，体积蓬松。

第三步：把蛋黄加入打发好的黄油中，搅拌均匀。

第四步：缓慢倒入羊奶，边倒边搅拌，让羊奶与黄油和蛋黄混合物充分融合在一起。

第五步：将低筋面粉筛入刚刚搅拌好的羊奶黄油混合物里，再用橡皮刮刀翻拌成面团。刚开始可能会有些干粉，继续翻拌就会逐渐形成面团，在这里，注意不要过度搅拌，以免面团起筋。

第六步：把面团放在案板上，擀成厚度约为0.5厘米的面片，再使用饼干模具将面片压出各种形状。

第七步：先将烤箱预热至180℃，再在烤盘上铺上油纸，把压好形状的饼干坯放在烤盘上，饼干之间要留有一定的间隙，防止烤制过程中粘连。把烤盘放入预热好的烤箱里，烤到饼干边缘微微金黄。具体烤制时间可以根据自家烤箱的功率和饼干的大小进行调整。

第八步：饼干烤完后，将烤盘从烤箱中取出，让饼干在烤盘上冷却几分钟，我们就可以享受羊奶与饼干带给味蕾的绝佳体验了。

5. 姜汁羊奶

受凉后，我们一般都会给自己煮一碗姜茶，喝姜茶驱寒。

羊奶也可以做姜汁羊奶，姜性温，具有温中散寒的功效，姜汁和羊奶混合，特别适合在冬天或者身体受寒后食用。它既可以帮助人体补充营养，又可以促进血液循环，预防感冒。

此外，姜汁羊奶还能增强人体抵抗力，羊奶本身就含有多种免疫球蛋白，可以提高免疫力，而姜中又有抗氧化物质，可以减轻身体内的炎症，间接提高身体的免疫力。

以下是姜汁羊奶的做法。

材料准备：

羊奶200~250毫升、生姜1块（根据个人对姜味的喜好确定用量，20~30克）、白糖10~15克（可根据个人口味调整）。

制作步骤：

第一步：准备姜汁。将生姜洗净，去皮（也可保留姜皮，姜皮有一定的药用价值），再把生姜切成小块，放入榨汁机中，榨出姜汁。如果没有榨汁机，也可以将生姜切末，然后用纱布包裹起来，挤出姜汁。

第二步：加热羊奶。把羊奶倒入锅中，开小火加热。加热过程中要不断搅拌，防止羊奶粘锅或溢出来。

第三步：混合姜汁和调味。当羊奶微微冒气，即将沸腾时（注意不要让羊奶沸腾，以免营养流失），迅速倒入姜汁，再根据个人口味加入白糖或冰糖，搅拌均匀，使糖完全溶解。

第四步：继续搅拌片刻后，关火。姜汁羊奶就这样做好了。

第六章　羊奶美食教程

6. 羊奶馒头

馒头是我们生活中常见的主食，在面粉中加入羊奶，做成羊奶馒头，不仅美味，还可以为人体提供维持各项生理活动需要的能量。

羊奶馒头比其他的馒头更好消化。馒头经过发酵后，会产生一些益生菌，这些益生菌能帮助我们调节肠道菌群平衡，促进肠道的健康，而且羊奶本身脂肪

球颗粒很小,易于吸收,对儿童、老人以及一些肠胃比较敏感的人来说,羊奶馒头是很好的选择。

以下是羊奶馒头的做法。

材料准备:

面粉 300 克、羊奶 150 毫升左右、酵母 3 克、白糖 15 克(可根据个人口味调整)。

制作步骤:

第一步:激活酵母。将酵母放入温热的羊奶中(温度摸起来不烫手就可以),再加入适量白糖搅拌均匀,放置 5~10 分钟,让酵母充分激活。这时,我们可以看到羊奶表面有一些小气泡产生,这是酵母发酵之后的表现。

第二步:把面粉倒入一个较大的容器中,慢慢倒入激活后的酵母羊奶液,一边倒一边用筷子搅拌面粉,直至面粉成絮状。然后用手把面粉揉成一个光滑的面团。揉面的过程中可以适当添加面粉或羊奶,以调整面团的软硬程度。

第六章 羊奶美食教程

第三步：把揉好的面团放在温暖的地方进行发酵。可以用保鲜膜或湿布盖住面团，防止面团表面干燥。如果天气较冷，也可以把面团放在烤箱中，开启发酵功能，或者放在盛有温水的蒸锅中。发酵时间不能过长，大概1~2小时就足够，直到面团的体积膨胀变为原来的两倍大。用手指在面团上戳一个洞，洞口不回缩，说明发酵完成。

第四步：在案板上撒一些面粉，把发酵好的面团取出，揉压排气。这一步可以使馒头更加细腻。之后将面团揉成一个长条状，然后切成大小均匀的一块块，再把面团揉成圆形，制成馒头坯。

第五步：把馒头坯放在蒸笼里，等待15~20分钟，醒发它，这个过程可以让馒头更加蓬松。

第六步：醒发好后，加入冷水，上锅蒸馒头。先开大火，烧开水后，转中火蒸15~20分钟。蒸好后，不要立即揭开锅盖，让馒头在锅中焖3~5分钟，防止馒头回缩。

第七步：焖好后，打开锅盖，美味的羊奶馒头就做好了。

7. 羊奶山药羹

羊奶本身就具有丰富的营养成分，而山药可以健脾益胃，改善食欲不振、腹胀腹泻等症状，两者的结合，对身体的滋养是加倍的。

此外，羊奶可以滋阴润肺，缓解咳嗽、咽干等情况，而山药也具有一定的润肺作用，两者协同合作，对我们的呼吸系统是极为有益的。

羊奶山药羹的做法如下。

材料准备：

山药 250 克、羊奶 300 毫升、白砂糖适量。

第六章 羊奶美食教程

制作步骤：

第一步：将山药洗净、去皮，再切成薄片或者小块，放入蒸笼中蒸熟后，捣成山药泥。

第二步：小火煮羊奶，不断搅拌它，以免糊锅。在羊奶煮沸后，倒入山药泥一起搅拌。

第三步：根据个人口味加入适量的白砂糖，搅拌均匀，一道美味又健康的羊奶山药羹就做好了。

第七章
羊奶的认知误区

尽管羊奶具有超高的营养价值，也被众多营养学家推荐，但在生活中，羊奶却常常被误解。当我们提起羊奶，很多人脑海中可能会立刻浮现出一些疑问和担忧：喝羊奶是不是会变黑？羊肉那么膻，羊奶是不是也很膻……这些疑问如同一个个谜团，困扰着许多消费者。不少人因为对羊奶的刻板印象，抗拒羊奶，错过了这样一种宝贵的营养品。

为了让大家能够真正认识羊奶的价值，我们有必要拨开这些"迷雾"，深入了解羊奶的真相。

1. 长期喝羊奶粉对身体不好？

在生活中，有不少人片面地觉得羊奶粉缺乏一些营养素，认为长期喝羊奶粉对身体不好，这是一种错误的认知。

羊奶粉能够持续给我们的身体提供必需的营养成

第七章　羊奶的认知误区

分，羊奶粉中富含多种营养物质，例如蛋白质、钙、维生素等，其中的优质蛋白质可以在运动之后帮助修复身体组织和肌肉，其中的钙能让我们的骨骼更坚固，让我们避免骨质疏松等问题，羊奶中的维生素 A 和维生素 B 还可以保护视力、帮助人体恢复活力。

比起牛奶，羊奶更易吸收，更低敏。羊奶中的脂肪球颗粒更小，接近人乳，这样能够更好地被人体吸收，对于一些肠胃功能较弱的人，长期喝羊奶粉不但不会给身体造成负担，反而有助于改善肠胃功能。

此外，羊奶粉中含有丰富的免疫球蛋白，前面我们也说过，这是羊奶能够帮助增强人体抵抗力的原因。但羊奶并非"神药"，不可能一喝下去就立刻"药到病除"，羊奶增强免疫力的作用，是需要长期积累的。唯有长期坚持喝羊奶粉，才能发挥羊奶的最大功效，让羊奶帮助我们更好地抵御疾病，让一些常见的小病不敢来骚扰我们。

不过，需要注意的是，由于羊奶粉是高蛋白物质，

羊乳百科

婴幼儿及部分肠胃虚弱的人群要根据身体的需求量而适量饮用,避免一次性摄入过多引起腹泻。

2. 喝羊奶会变黑?

我们在生活中或许常听到这样的话:"吃橙子和橘子容易让人皮肤变黄",这种误区是因为橘子和橙子的颜色形成的。关于羊奶,也有一些这样的误区,一些传统观念认为羊奶和羊的毛发颜色相关,白色的羊产的奶可以让人变白,而黑色的羊产的奶会让人变黑。

这种说法是完全没有科学依据的,羊奶的成分和羊的毛色没有关系。

人的皮肤之所以会变黑,最主要的原因是人体内的黑色素,形成的黑色素越多,肤色就越深,也就是所谓的皮肤黑。所以,我们的肤色是由皮肤中的黑色素含量来决定的。

第七章 羊奶的认知误区

影响黑色素细胞产生的原因有很多，比如遗传、紫外线照射、内分泌失调、新陈代谢变慢等因素都会间接或直接导致黑色素增加，进而使我们的皮肤变黑。真正想要做到皮肤变白，最重要的是减少日晒，出门一定要做好防晒工作，比如戴帽子、口罩，打伞、涂防晒霜等。

羊奶既没有能够刺激黑色素细胞产生的激素，也没有能够诱发黑色素合成增加的因素，因此，喝羊奶完全不会让人变黑，反而能够美容——羊奶中具有丰

富的上皮细胞生长因子和蛋白质,上皮细胞生长因子会清除我们体内的自由基,让我们的皮肤细腻光滑,蛋白质可以构成我们体内的胶原蛋白,让我们皮肤更有弹性,看起来更年轻。

3. 牛奶过敏才需要喝羊奶,其他人不需要?

在乳制品市场,牛奶一直是"销售冠军",在消费者中具有强大的认知基础和消费基础。

比起牛奶的知名度,羊奶实在有些小众,有很大一部分人不了解羊奶的独特营养价值,观念仍停留在"只有牛奶过敏,才需要喝羊奶,其他人不需要喝羊奶"的阶段。

事实上,所有人都可以喝羊奶,所有人也都需要喝羊奶。上文我们已经详细分析过,羊奶的营养价值比牛奶更高，它可以给人体提供更加充足且全面的营养，羊奶还比牛奶更容易消化吸收，即使肠胃脆弱的人也可以喝。

牛奶是一种营养品，但羊奶可以说是一种补品。它能美容、提高身体抵抗力……这些都是羊奶所具有的功能，是牛奶远远比不上的，它的众多功效，没有一种保健品能全部替代。

从我们的身体健康角度来看，抗拒羊奶实在不是一个明智的选择。

4. 喝羊奶的宝宝性格会更温顺？

在大众的印象中，羊是乖巧的、温驯的，羊的这些品质也被大家代入了羊奶中。

有不少人想当然地认为，长期喝羊奶，宝宝的性格就会更温顺。

这种说法根本站不住脚。

人的性格与喝什么样的奶、吃什么样的食物完全无关，影响人的性格的因素主要是遗传和环境。

首先是遗传。人的性格与遗传有关，遗传基因决定了人的气质类型。

在心理学上，有一种理论把人的气质类型分为四种，分别是胆汁质、多血质、抑郁质、黏液质。

胆汁质类型的人，外向、直率、热情、精力旺盛，但情绪容易冲动，脾气比较急，《三国演义》中的张飞就是胆汁质类型人物的代表。

多血质类型的人，活泼、好动、非常聪明、思维敏捷，擅长和人打交道，但容易见异思迁，不够专一，孙悟空就是多血质类型的典型人物。

抑郁质类型的人，忧郁、敏感、内向、不够合群、多愁善感，大家只要想一想林妹妹，就知道抑郁质类型是什么样的了。

黏液质类型的人，非常安静、稳重、严肃认真、沉默寡言、反应比较缓慢，唐僧就是典型的黏液质类型。

第七章 羊奶的认知误区

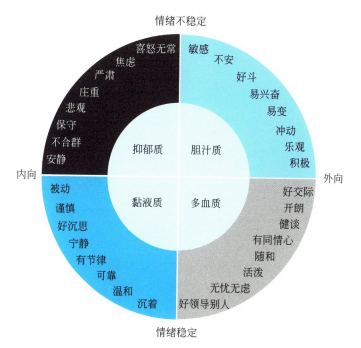

　　人的气质类型没有好坏之分，每一种气质都有其积极的方面，也有其消极的方面，无法比较哪一种类型更好。

　　其次，性格的形成还和环境有关。

　　环境对人的影响是巨大的，"孟母三迁"这个典故就是很好的例证。如果孩子在一个温暖、和谐，充满了爱的家庭长大，那么他往往会更自信、乐观、活泼；

如果孩子在充满了焦虑、争吵、控制欲很强的家庭中长大,那么孩子的性格可能就会比较内向、胆小、焦虑。

5. 其他

有人问,喝羊奶会导致上火吗?

众所周知,羊奶中的蛋白质和脂肪含量比较高,有些人会错误地认为,高蛋白、高脂肪容易引起"上火",此外,因为羊奶属于温性食物,大家可能就会想,羊奶喝多了也会导致上火。

其实,这是对羊奶的误解,羊奶中的营养成分都是人体必需的,并不会导致上火。

上火的表现通常就是便秘和口舌生疮,出现这种症状可能与多种因素有关,如睡眠不足、情绪压力大、经常食用辛辣食物、身体水分不足或过度滋补等。

羊奶中含有通便的一种元素——镁,镁具有"萎泻"的作用,所以喝羊奶不会导致便秘。此外,羊奶

第七章 羊奶的认知误区

里还含有低聚糖、低聚乳糖、低聚半乳糖等糖分,这些糖分属于膳食纤维,它们进入人体以后,可以增加大便的体积,起到润肠通便的作用。

也有人说喝羊奶会导致拉肚子,这可能是因为喝奶的方式不正确,如果出现这种症状,可以将羊奶加热再喝,也可以改成餐后喝羊奶,避免空腹食用,这样可以改善大部分的症状。

前面我们讲过,《本草纲目》中对羊奶性味的记载是:"羊乳甘温无毒"。羊奶是一种非常温和的食物,它适合温补、驱寒,不容易"上火"。

从现代医学角度来看,羊奶营养丰富,只要合理饮用,是不会产生类似"上火"的症状的。

第八章

羊奶问答

在深耕羊乳产业的十余年里，我常被问及："羊奶为什么这么小众？""为什么中老年和婴幼儿更适合喝羊奶？""怎么才能挑选到好羊奶呢？"……这些疑问背后，折射出行业长期面临的科普困境。有人因营养偏见错失健康选择，更有人因知识断层而对整个品类望而却步。

这一章节，我整理了一些大家疑惑的问题，并在此做出回答。既是对前文未尽细节的延伸注解，也是对羊奶热议话题的集中解读，希望读者能从中对羊奶有新的认识。

Q：作为一名企业家，您如何看待当下的羊奶乳制品市场？

A：结合过往经验以及目前的羊奶发展现状，我认为，羊奶在产业化的推动上具有很大的潜力。

国内羊乳产业的发展，在改革开放以后经过了两个阶段，可以用"两起一落"来形容。在改革开放之初，

第八章　羊奶问答

羊奶业迅速发展起来，那时候，羊的繁殖率很高，羊奶产量也随之增高，那时候，羊奶的主要产地是陕西、山东、河南、云南、黑龙江，产业发展迅猛。

但到了20世纪90年代，牛奶业已逐步形成产业化，并占据绝对市场。直到2009年，羊奶才开始真正发力，走进大众视野，并一直保持着高速发展。

但是比起国民认知度极高的牛奶来说，羊奶终究是小众产品，哪怕放眼国际，羊奶也是小众的，当前全世界羊奶的总产量大约占奶类总产量的2.5%。中国这两年羊奶业发展较好，羊奶产量稍高一些，在4%左右。

羊奶业这些年发展很快，而我们的羊乳制品目前最主要的品类是奶粉，特别是婴幼儿配方羊奶粉。可以说，羊奶粉的快速发展，也推动了我们这个行业的快速发展。

羊乳百科

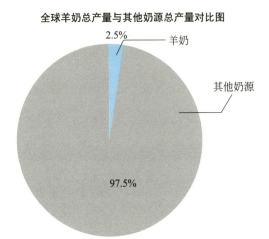

全球羊奶总产量与其他奶源总产量对比图

当然,国内的羊乳企业通过不断研发技术和工艺创新,推出了更加多元化的羊乳产品,这些乳制品也让更多的消费者关注到了羊奶这一领域。同时,人们也越来越多地了解到羊奶的营养价值,以及羊奶对人体健康贡献的力量,大家对乳制品消费的观念也发生了改变。在羊乳知识逐渐普及后,我相信,大家对乳制品的需求也会更加多元化和高端化。

Q:国内外的羊奶有什么区别吗?

A:其实从营养成分上来看,中国的羊奶和西方国家的羊奶是一样的,没有区别。

第八章 羊奶问答

　　但是在奶羊品种方面是有一些不同的，以前，国内的奶山羊主要是家庭养殖的山羊和绵羊，产奶率是比较低的。后来我国引进了萨能奶山羊的品种，这是世界上公认的最好的奶山羊品种之一。我们引进后，将萨能奶山羊和我国的国产奶山羊进行杂交培育，又不断优化，结合了两种山羊的优点，就有了我国现在的新型奶山羊。

Q：面对市面上琳琅满目的羊奶产品，该如何挑选呢？

A：随着人们生活水平的提高，我们的乳制品加工业也在迅猛发展，加上科技的赋能，我们已经开发了各式各样的羊乳制品。

在羊奶粉、固体奶粉这一块，大家在市场上常见的大概有两种，第一种叫全脂纯羊奶粉，第二种叫配方羊奶粉。

所谓全脂纯羊奶粉就是什么都不用加，把羊奶中的水分蒸发掉，就叫作全脂纯羊奶粉。配方羊奶粉是把全脂羊奶粉制作出来后，再根据不同消费者的需求进行优化，使它更好地满足不同消费人群对营养和健康差异性的要求。

纯羊奶粉更多地适应年轻人的需求，配方羊奶粉则更具有针对性，适合婴幼儿、老年人及亚健康人群。

对婴幼儿来说，配方羊奶粉经过科学的配方调配，添加了一些婴儿需要的营养成分，并调整了羊奶粉中蛋白质的含量，使得配方羊奶粉的营养成分和口感都尽可能接近母乳，是母乳的绝佳替代品；针对广大中老年人骨质疏松的问题，首要任务就是补钙，中老年配方羊奶粉中不仅钙含量丰富，比例恰当，而且容易消化吸收；对于学生来说，可以选择一些促进大脑发育的配方羊奶粉；针对亚健康人群，可以选择一些提高免疫力的产品。

在选择羊奶粉时，除关注配方、营养成分之外，也要注意选择正规厂家的产品。

现在有一些企业会在产品上附上追溯码，这个追溯码相当于每一盒羊奶或者奶粉的身份证，它的后台跟市场监督管理局联网，随时可以接受核查，通过扫描追溯码，我们可以做到明白消费，避免受骗上当。

另外也提醒大家，不要盲目地依赖进口奶粉，国内的乳制品行业是全球管控最严的生产企业，大家也要对我们国内的一些大品牌有足够的信心。

Q：为什么中老年人和婴幼儿更适合喝羊奶？

A：其实准确来说，是所有的人群都适合喝羊奶。羊奶中的营养成分丰富，可以满足我们日常生活所需的营养摄入，此外，羊奶还具有美容、瘦身等功效，非常适合当代年轻人。

在所有人群中，婴幼儿和中老年人尤其适合喝羊奶，是因为这两个人群都有共同的特点：消化力弱、抗病力差，对他们来说，选择容易消化吸收而且不会发生过敏反应的优质羊乳制品是最合适的。

对这两类人群，经过强化和优化的配方羊奶粉，一定程度上具有提高其免疫力、抗病力、消化力、骨骼力、肌肉力、降压力、降脂力、降糖力、美容力和记忆力的十大功能，我们把这"十个力"提高了，自然就弥补了婴幼儿成长发育和银发老人健康长寿的短板。

从这个角度看，羊奶是强壮民族、健康国人的"国奶"和"全民奶"。

第八章 羊奶问答

Q：羊奶在平衡、均衡营养中具体有哪些方面的作用？

A：据科学统计，我们每天通过各种食物摄取的营养物质要达到40多种才能维持身体的正常活动，从这个数据来算，每天至少要吃12种食物，才能保证我们身体摄入足够的营养素、生物活性物质以及一些植物化学成分。

这些食物除给我们提供能量之外，也具有帮助我们提升免疫力、抵抗疾病的作用。

食物要多样，也要有合理的搭配，包括主副食的搭配、颜色的搭配，还有一些干湿的搭配，当然，我们也可以根据中国居民平衡膳食宝塔来吃，有一首顺口溜教大家如何选择食物、提升自己的免疫力：

玲珑塔，有五层，膳食宝塔记心中；讲平衡，食多样，谷类为主有粗粮；菜果蔬，绿红黄，薯类也要多尝尝；肉禽蛋，要适量，鸡鸭鱼虾较优良；喝奶类，饮豆浆，奶豆促进补健康；盐5克，油半两，饮食清淡寿命长；常活动，勤喝水，控制体重免肥胖；把烟戒，将酒限，食动平衡身体健。

《中国居民膳食指南（2022）》强调摄入充足的奶制品有益于人体健康，建议我们每人每天喝奶300g。

然而我国2023年人均奶类消费量是41.3千克，平均每天是113克左右。这意味着，我们的人均奶制品摄入量只达到推荐量的22.6%~37.7%。

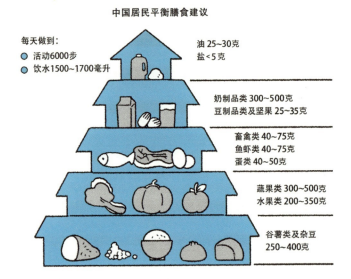

中国居民平衡膳食建议

第八章　羊奶问答

究其原因，有些人可能不喜欢奶的味道，有些人可能没有认识到奶制品对人体健康的重要性，有些人则是存在乳糖不耐受的情况，种种原因，造成了国民奶制品摄入量不足。

我们每天要通过饮食来摄入大量的营养物质，在这些营养成分中，最重要的是优质蛋白质，它是我们生存的基础，没有蛋白质就没有生命力，也就谈不上免疫力；其次是脂肪、膳食纤维、维生素和矿物质。

羊奶可以全面地给人体提供如上所说的营养物质。

首先，羊奶中有丰富的优质蛋白质，它的必需氨基酸的含量非常高，必需氨基酸只能从食物中摄入，人体无法自己生成。

其次，羊奶中所含的脂肪也很优质。虽然羊奶中的脂肪和牛奶中的一样，也是以饱和脂肪酸为主，但是，它的中链脂肪酸中的碳链更短，脂肪球也更小一些，相对更好吸收。

再次，羊奶中的乳糖含量较低，而且羊奶中的一些营养物质会分解乳糖,所以羊奶比牛奶更好吸收。

最后,羊奶中含有丰富的生物活性物质,包括多种氨基酸和矿物质,就像一座取之不尽、用之不竭的营养宝库,源源不断地给我们的身体输送营养,满足我们日常生活所需。

Q: 如何科学合理地冲泡羊奶粉?

A: 羊奶粉富含营养,但是如果冲奶粉的方法不正确,冲出来的羊奶粉营养就会大打折扣。

奶粉的冲调并不是越浓越好,要讲究比例适当,一般来说,羊奶粉和水按照1:8的比例是最合适的。先在杯子中倒入60℃左右的热水,再将奶粉撒到水上面,让它自然下沉,形成乳浊液就可以喝了。这样一方面,奶粉会冲得比较均匀,另一方面,60~65℃是巴氏杀菌的温度,这个温度可以保证羊奶中的营养成分不被高温破坏,又可以避免羊奶结块。

第八章　羊奶问答

Q：新鲜现挤的羊奶，可以直接喝吗？

A：这个是不能直接喝的。因为人与动物有很多共患的疾病，如布鲁氏菌病（简称布病）、结核病等，这些病毒和细菌可能代谢到羊奶里，人喝了之后容易患病。

从 20 世纪 50 年代开始，卫生部（现卫生健康委）就发布文件不允许未加工的奶上市，所以目前超市里上架的奶制品都是经过加工的。

如果真的买了现场挤的羊奶，回去以后一定要加热煮沸，杀死羊奶中的一些微生物和细菌。当然，最保险的还是从正规的商场和超市购买羊乳制品。

Q：喝羊奶会长胖吗？

A：喝羊奶不会长胖。

羊奶的主要成分是蛋白质、矿物质、维生素、脂肪等，其中糖和脂肪的比例适中，不会超过人体正常需要。另外，羊奶中含有一种乳糖，具有调节胃酸、促进肠蠕动和消化腺分泌的作用。再者，羊奶中的脂肪球通常只占羊奶的三分之一，消化吸收后不容易造成脂肪堆积，只要合理地摄入羊奶，在不超标的情况下，羊奶是完全不会对身体造成负担，导致肥胖的。

如果担心喝了羊奶会增加体重，那么管住嘴，迈开腿或许是最好的办法。

Q：患有慢性病的人可以喝羊奶吗？

A：现在很多人患有糖尿病，需要打胰岛素，吃降糖药，大家可能就认为，得了糖尿病，很多东西都不能吃了，更不能喝羊奶，事实并非如此。

糖尿病患者血糖升高主要是食物中的一些成分可以转化为单糖，而糖尿病患者的身体胰岛素分泌功能下降，导致对糖的分解程度降低，所以会造成血糖升高。而羊奶中的乳糖含量非常少，并不会造成血糖升高，相反，羊奶中含有一种叫作 β-酪蛋白的物质，研究表明 β-酪蛋白可以促进胰岛素的分泌，患者适量饮用羊奶，有助于稳定血糖，减少糖尿病并发症的发生。

第八章 羊奶问答

此外，一些高尿酸血症和痛风病的人也是可以喝羊奶的。患有这两种病的人需要忌口，肉、海鲜以及太甜的水果都不能吃，但他们可以吃鸡蛋喝羊奶，鸡蛋可以提供蛋白质，羊奶则在提供优质蛋白质之余，还能给人体补充其他的营养成分。

Q：如果不喜欢羊奶的膻味，可以完全除掉它吗？

A：其实羊奶中的膻味并不完全是坏事，羊奶中一部分的膻味来自羊奶中的脂肪酸，如辛酸和癸酸等。

癸酸本身会带有天然的膻味，但它又是一种非常好的脂肪酸，它不仅容易吸收，还可以调节人的糖脂代谢，对糖尿病人、高血脂的病人都非常友好。

如果完全无法忍受膻味的话，可以在羊奶中添加一些东西来掩盖它的味道，比如红茶、绿茶都可以掩盖羊奶的膻味。

羊奶中还可以加入姜汁，既能除膻，又能驱寒。

此外，还可以在羊奶中加入一些即食麦片或者坚果，这样在吃的时候，羊奶的膻味也会被掩盖。

如果家里有益生菌，也可以加上一些益生菌，将羊奶发酵成酸奶，这样羊奶的膻味也会消失。

整体而言，羊奶非常适合用来制作手工美食，它和万物都能搭。只要我们本着健康的理念来搭配，羊奶会拥有非常多的口味和口感。

Q：从中医角度来说，羊奶有相克的食物吗？

A：羊奶和任何食物一样，都有不能搭配食用的禁忌，若随意搭配，可能会引起食物相克，影响身体健康。严谨点说，羊奶不能和某些食物一起"大量食用"，比如以下食物。

（一）酸性水果

①橘子

羊奶中的蛋白质与橘子中的果酸相遇后，会发生凝固反应，影响蛋白质的消化吸收，可能导致消化不良、腹胀等症状。

②柠檬

柠檬富含大量的柠檬酸等酸性物质，和羊奶一起食用时，容易使羊奶中的钙质与果酸结合，形成不易消化的物质，同时也降低了羊奶中钙的吸收效率。

（二）巧克力

羊奶中的钙与巧克力中的草酸结合，会形成草酸钙。草酸钙不易被人体吸收，长期大量一起食用可能会增加患尿路结石的风险。

（三）药类（部分）

①四环素类抗生素

羊奶中的钙、镁等矿物质会与四环素类抗生素结合，形成不溶性络合物，影响药物的吸收，降低药效。

②含铁药物

羊奶中的磷会使含铁药物中的铁发生沉淀，影响铁的吸收，不利于治疗缺铁性贫血等病症。

Q：您为什么要写《羊乳百科》这本书呢？

A：现代营养学研究发现，羊奶中的蛋白质、矿物质，尤其是钙、磷的含量都比牛奶略高；维生素 A、维生素 B 含量也高于牛奶，对保护视力、恢复体能有好处；和牛奶相比，羊奶更容易消化吸收，婴儿对羊奶的消化率可达 94% 以上。除此之外，据国外实验研究，羊奶中含有丰富的免疫球蛋白、乳铁蛋白、乳清蛋白、酪蛋白、溶菌酶、类胰岛素生长因子、低聚糖、环核苷酸等多种生物活性物质，这些生物活性物质均有利于提高人体的免疫力和抗病力。

羊奶具有如此高的营养价值，甚至被誉为"奶中之王"，但可惜的是，目前市面上的奶制品仍然以牛奶为主，牛奶家喻户晓，羊奶的国民认知度低于牛奶，这是不能否认的事实。

究其原因，一方面是羊奶的产量相比牛奶低很多，一只奶山羊每天的产奶量仅为奶牛产奶量的十分之一，并且羊奶的分子小，稳定性差，在常温下比牛奶容易

第八章 羊奶问答

变质，在生产过程中对设备和技术的要求很高，因此大大影响了羊奶的量产规模；另一方面，虽然羊奶企业会对羊奶产品进行脱膻处理，但有些消费者对羊奶产品不了解，一提到羊奶就会有先入为主的想法，认为羊奶肯定有膻味，不好喝，或者有一部分消费者对羊膻味比较敏感，对脱膻后的羊奶依然无法接受。

虽然多方面原因导致我国的羊乳制品行业发展缓慢，但我坚信，好奶不应该被埋没，这也是我写这本书的初衷，希望通过这本书，让大家对羊奶有更深入、更全面的认识和了解。

为此，我亲身实践去了解羊奶，并成立企业生产优质的羊奶产品，努力科普羊乳知识，希望羊奶的口碑可以"出圈"。

我想，随着人们健康观念的提升，对自身健康和营养需求的增加，羊奶的营养与价值也会被大家看到并认可。

对此，我深信不疑。

后记

不知不觉,这本书已到尾声。

在创业之初,我没想到我能成功,更没想到能以一名企业家的身份去撰写一本有关羊奶的科普书。希望读者朋友能从我的文字中,对羊奶多一分了解,少一分误解。

到今天,羊奶于我而言,已经成了生活中不可或缺的一部分,我对它的了解,甚于自己。

羊奶是一种优质的乳制品,不宁唯是,作为其母身的羊,更是中国文化的一种图腾代表。作为人类最早开始驯养的动物之一,羊在中国历史上已经存在了几千年之久。

自古以来,羊就与我们人类的生活紧密相连。在远古时期,羊是人类重要的食物来源,给人类生存提供了关键的保障。羊的乳汁,给人们提供能量和营养;

羊乳百科

羊的皮毛，被人编织成温暖的衣物，供人抵御严寒……总之，羊为人类贡献了它能贡献的一切，陪伴人类走过了一个又一个春夏秋冬。

在那古老的岁月里，羊以其温驯、纯洁的形象走入人类的生活。它们安静地吃草，悠然自得地在草原上漫步，给人一种平和宁静的感觉。这种特质，也随着时间的流逝，深深融入了人类的文化中。

关于羊文化，最早可以追溯到距今约8000年的河姆渡文化遗址，遗址中发现的陶羊形象生动逼真，富有浓郁的生活气息。证明羊在当时的人类生活中已经具有一定地位。对于当时的人们来说，羊是重要的生存资源，也是财富和地位的象征。

传说中华夏文明的始祖伏羲，其发祥地是古代的成纪（今甘肃省天水市），这里是古羌戎氏族的活动区域，这个氏族的原始图腾就是羊，伏羲的羲字中也有"羊"的结构；陆思贤在其所写的《神话考古》一书中，还曾提及伏羲受到当时存在的"羊角柱"的影响而发

后记

明了八卦,从这个角度来看,羊对华夏文明的影响不可谓不深远。

人们都喜欢吉祥美好的事物,许慎的《说文解字》中,对于"羊"字的解释是:羊,祥也,这说明羊在东汉时已经被视为吉祥的象征。在《说文解字》中,"美"也与羊有关:美,甘也,从羊为大,羊大为美。羊的体形大,肉质鲜美,实在是一种不可多得的恩物。

或许是因为这样一种观念,我们会发现,古代的很多器物上都刻有"羊"的图案,以羊来寄托吉祥美好的寓意。

随着儒家文化的发展,羊也成了传播儒家文化的载体。汉代的董仲舒将儒家思想的"仁""义""礼"赋予到羊的身上,羊成了道德的象征,羊的温驯的特性,也被视为平等友善团结和睦的化身;明代甚至将"羊之跪乳"的典故编进儿童启蒙读物《增广贤文》中,将羊塑造成懂得感恩的典范。

从羊文化的传承角度来看羊奶,羊奶就不再是一种单纯的乳制品，它是羊给予人类的珍贵礼物，是连接传统文化与现代生活的桥梁。

羊以其吉祥、纯善的美好象征滋养着我们的文化和生活，羊奶则以其超高的营养价值润养着我们的身体。随着我对羊奶了解的加深，我也越庆幸自己走上了"生产羊奶、推广羊奶"之路。

"一杯羊奶，智慧一个民族"是我的目标与责任，羊奶所蕴含的丰富营养，能够助力一个民族的崛起，就如同智慧的火种，燃烧不灭，薪火相传。我也相信，羊奶在未来将不仅是我们国人健康生活的首选，更是我们向世界展现中国传统文化魅力的名片。

最后，祝愿我们古老的羊文化在现代社会中绽放全新光彩！